ART 高等院校设计艺术类专业实验教学系列教材
GAODENG YUANXIAO SHEJI YISHULEI ZHUANYE SHIYAN JIAOXUE XILIE JIAOCAI

U0892881

木工造型设计与制作

付予 刘益明 编著

湖南大学出版社

内 容 简 介

本书分为概述篇、实践篇和鉴赏篇三大部分，简要介绍了木工造型设计与制作的理论基础、常用材料和基本操作，分别介绍了建筑模型、展示模型、木质家具及木质包装盒的设计与制作，并列举了大量的模型作品。

本书可作为高等院校设计艺术类专业实验教材，亦可为设计爱好者的参考读物。

图书在版编目（CIP）数据

木工造型设计与制作/付予，刘益明编著.—长沙：湖南大学出版社，2012.1（2021.7再版）
（高等院校设计艺术类专业实验教学系列教材）
ISBN 978-7-5667-0091-9

Ⅰ.①木… Ⅱ.①付… ②刘… Ⅲ.①木材加工—高等学校—教材
Ⅳ.①TS65

中国版本图书馆CIP数据核字（2012）第007584号

木工造型设计与制作
Mugong Zaoxing Sheji yu Zhizuo

编　　著：付　予　刘益明
责任编辑：胡建华　　　责任校对：全　健
责任印制：陈　燕
出版发行：湖南大学出版社
社　　址：湖南 · 长沙 · 岳麓山　　　邮　　编：410082
电　　话：0731-88821691（营销部），88821251（编辑部），88821006（出版部）
传　　真：0731-88822264（总编室）
电子邮箱：hjhhncs@126.com
网　　址：http://www.hnupress.com
印　　装：湖南雅嘉彩色印刷有限公司
开　　本：889 mm × 1194 mm　1/16　　印　　张：6　　字　　数：160千
版　　次：2021年7月第2版　　印　　次：2021年7月第1次印刷
书　　号：ISBN 978-7-5667-0091-9
定　　价：39.80元

序 Foreword

中国改革开放后的发展有目共睹，民众从过去的温饱忧虑迈向小康，人们的生活水平与质量得到了极大改善。这其中的变化固然有源于国家政策的引导、经济的发展与科技的进步等方面，另一方面也是品类繁多的产品让我们的生活变得如此丰富，设计改变了人们的生活，改变了世界。与日常生活息息相关的衣食住行，大到摩天大楼与飞机，小到纽扣针线，处处都离不开设计，处处都需要设计。三十多年来，更多人对“设计”有了深刻的认识，接受了“设计”，同时也感到越来越需要“设计”。国家和政府也清晰地看到中国产业要从“中国制造”走向“中国创造”，更需设计创新。

设计产业的发展与需要，也促进了设计人才队伍培养的进步与壮大。据2010年不完全统计，全国半数以上的院校都开设了设计类专业，仅仅艺术设计专业就有900多所院校开设，在校人数达到113万，占所有文科在校生的11%左右；一个学校的招生规模也从过去几十人、几百人增加到上千人。这种快速发展的背后，令人担忧的是师资队伍的良莠不齐、教学观念的陈旧、学生素质的滑坡和学生动手能力的低下，等等。如何改变这种现状、如何提高设计教育的水平已成为设计界乃至教育界普遍关注之焦点。广大设计教育同仁都已认识到规范教学内容的重要性，这样必然涉及教材的编写。尽管近二十年来设计类的教材不断得以补充与完善，但离因材施教尚有差距，且精品教材尚少。针对以上状况，湖南工业大学结合自己多年来办学的经验与特色，组织了一些骨干教师编撰了该套实验教材，聊以填补国内同类实验教材之空缺，也为培养创新性高级应用型设计人才提供参考。

就产业而言，包装在我国国民经济中的地位日益重要。在我国，2010年包装工业总产值达到12 000亿元，从1980年的第37位上升到位居国民经济各行业的第14位。尽管如此，与欧美、日本等发达国家及地区尚有巨大差距。在发达国家，包装工业总产量在本国国民经济各行业中占据前十位（美国在前五位，德国在前六位）。与国外相比其差距原因固然有我国基础薄弱的一面，但根源在于我国包装设计人才匮乏，尤其需要培养高层次包装设计人才。因此，培养更多适应社会需要的高水平包装设计人才，将是今后一段时期内高等教育不可忽视的重点。考虑到市场与社会所需，我校早在1985年就创办了包装设计专业，在国内较早地探索了包装设计人才培养的模式。值得庆幸的是，经过二十多年的发展，我校包装设计艺术学院也在快速成长与壮大，办学层次从过去的大专、本科提升到研究生的培养，依托包装设计专业方向的办学特色与优势，“艺术设计”专业被评为国家特色专业，学院的“包装艺术设计实验教学中心”被评为国家实验教学示范中心。依托国家实验教学示范中心，学院在教学实践中大力倡导“设计工作室（坊）制”的教学模式，在培养设计人才的实践创新能力方面形成了一套具有本校特色的教学机制，建立了一套从课堂、实验室到服务社会的产学研教学链。该套实验教材是学院近几年实验教学的经验积累与总结。在教材的编写中，我们本着理论与实践相结合、艺术与技术相结合的原则，不仅注重教材内容的系统性与适用性，而且强调教材的指导性与针对性，希望得到设计同仁的批评和指正。

“人才之培养，系惟大学教育之责。”（钱穆）设计教育之成效关系到国家今后创新人才的培养质量。这套实验教材以包装设计为切入点，以设计实践为基点，内容翔实，图文并茂，便教易学，必将为设计教育人才的培养提供借鉴。

让我们一起来关注设计，关注设计教育！

中国包装联合会副会长
中国包装联合会包装教育委员会主任
湖南工业大学校长 、教授、博士生导师

2011年11月8日

目次 Contents

概述篇 Abstract

实践篇 Practice

鉴赏篇 Appreciate

概述篇

Abstract

Abstract

1 概述

1.1 木工造型设计与制作的认识

1.1.1 木工造型设计与制作实验简述

木工造型设计与制作是艺术设计本科教学的一个重要实践性环节，主要应用于包装设计、环境艺术设计专业方向的“空间形态与模型”、“建筑模型”、“展示设计”、“家具设计”、“包装设计”、“设计实习”、“毕业设计”等课程，进行等比例模型（如建筑模型、展示模型等）和等大实物（如家具、包装等）的设计与制作。它融其他表现手段之长，补其之短，将形式与内容完美结合在一起，以独特的形式向人们展示了设计方案的立体视觉形象。我们进行木工造型实验，一方面是为了提高学生的动手能力，另一方面是为了使学生对材料、艺术、技术、设备等环节有一个较为系统的认识，使学生在完成一系列设计制作练习的过程中，逐步培养认真思考、勤于动手、理论联系实际的工作作风，为将来成为一名优秀的设计师打下坚实的专业基础。创意构思和空间形体是基础，材料与设备在不断更新，而创作思维却很难有所突破，我们要对木工造型设计与制作的认识有所提高，还得从基础开始，在头脑中建立系统的知识体系，才能使设计作品得到质的飞跃。

木工造型设计与制作实验教学并不是独立存在的，学生在制作学习时还应具备良好的相关专业基础理论知识及能力，如构成基础，制图、识图基础，包装设计基础等。设计者的整体素质和艺术修养越高、知识面越广、基础越扎实，起点就越高，设计制作出来的作品就会有很强的说服力、鉴赏性和可操作性。

木工造型设计与制作实验指导中所涉及的实验项目，除实验目的、内容及材料选择、制作手法存在一定差异外，其基本操作原理与步骤大致类似，所以我们着重对具有代表性和相对复杂的建筑模型、木质家具的设计与制作实验进行较为详细的介绍，其余实验则简短介绍，异曲同工之处可以这两者为参照。为了更好地完成该课程的教学任务，达到实验教学目的，实验项目的确定应遵循以下原则：

①结合实验教学大纲要求，实验内容尽量与课程教学同步；

②注重与其他专业课、生产实际的联系；

③弥补教学中没有涉及的知识或自学内容的训练；

④实验内容与课时相匹配，尽量使学生能在规定的时间内完成任务。

1.1.2 木工造型设计与制作的意义

（1）培养学生从平面走向立体的空间思维能力

在木工造型设计与制作的教学中，我们发现学生的空间想象能力比较欠缺，表现为思维难以跳出平面的限制，思维速度慢，角度单一，缺乏理性解决问题的方法，这对他们今后在专业设计课程中的设计创新能力是有一定影响的。针对这些情况，怎样才能进行有效训练，需要一个科学理性的计划和安排。学生须根据构思画出正确的图形，如平面图、立面图，在必要时画出剖面图和透视效果图等。从设计图纸到模型实物这一实践过程，既可以强化学生的看图识图能力又可以培养学生的思维能力，使其顺利地从平面图形走向立体设计。所谓空间想象力，就是能根据图形想象出直观形象的能力，正确地分析图形的基本元素及其相互关系的能力，对图形进行分解、组合与变形的能力。这些是艺术类专业学生综合素质的表现。

（2）培养学生理性思维与视觉想象相融合的设计思维能力

设计既要满足人类的功能需求又要满足人类的审美需求。木工造型除了考虑具体的功能，还要创新，这就意味着美与功能设计的有机统一。美感的塑造需要灵活运用形式美法则，合理安排各种组成要素的位置，确定其形体比例及尺寸，协调各要素之间的关系。在具体设计制作过程中，同学们开启思维的大门，充分利用设计中的诸多元素，如空间形式、构图法则、意境联想、艺术风格、材料构成、装饰手法等，勾画出诸多的设计草图，并可以灵活地改变设计思路，通过挪动某个或多个组成要素的位置，使模型在和谐中有变化，在变化中有统一，达到调整形态布局和色彩布局的目的。这种独特而灵活的学习方式既可以为老师专业设计教学提供方便，也能启发学生从多种变化中寻找最佳设计方案，从而开拓他们的设计思路。

1.2 木工造型设计与制作分项实验的理论基础

1.2.1 建筑模型概述

（1）建筑模型的概念

建筑模型是建筑设计与规划设计不可缺少的表现形式，是将建筑理念付诸实践的桥梁。它体现了人们对空间与建筑以及平面与立体之间的感受，突破了传统二维表现的局限性，以真实、立体的形象表现出设计方案的空间效果。它有助于设计创作的推敲，可以直观地体现设计意图，弥补图纸在表现上的局限性。技术先进、功能复杂、艺术造型富于变化的现代建筑尤其需要用模型来进行设计创作。建筑模型是使用易于加工的材料（如木材、纸材、塑料、金属、复合材料等），依照建筑设计图样或设计构想，按缩小的比例制成的样品。建筑模型是在建筑设计中用以表现建筑物或建筑群面貌和空间关系的一种手段。目前，国内外建筑设计、规划设计、环境设计与展示设计等领域都要求制作模型来表达设计思想（图1-1）。

图1-1

建筑模型的学习过程主要分为方案设计、材料选配和实践操作三个阶段。方案设计包括创意设计和图纸设计两个层次。大多数情况下，建筑模型方案设计是对现有建筑设计方案作归纳，既要完整反映原创方案的空间形体，又要对细部构造作大胆概括，同时还要绘制模型制作图纸，将尺寸、比例、材料名称详尽地标注出来。模型设计图的深入程度并不亚于建筑设计图，只是受众面较窄，可以运用草图绘制软件来表现。材料是建筑模型制作的媒介，选配时要根据创意构思、表现目的、投资状况作综合考虑。研究性建筑模型（图1-2）趋向于素色主义，对材料的要求比较简单，而商业展示性建筑模型则要求质地丰富、效果出众。

图1-2

（2）建筑模型的设计制作

建筑模型的设计制作是一门培养学生空间想象能力和表现能力的专业实验课程，是师生进行方案讨论、形体分析、细部推敲的重要手段。建筑模型的制作过程能激发设计者的设计思维、完善设计内容，使设计者从力学和美学的角度对建筑物造型进行提前检验，对其设计思维的拓展、设计方法的转换起到了不可或缺的作用。

1.2.2 展示模型概述

（1）展示模型的概念

模型制作是展示设计表现的另一种方法，也是深入研究、完善设计构思的重要手段，是设计师应掌握的知识技能。展示设计有两种表达方式：一种是平面图，一种是立体模型（图1-3）。这两种方式各有优点、各有用途，但都是争取设计项目的最基本手段。

图1-3

展示模型是三维的、立体的展示设计表现形式，与二维平面的展示设计图有很大的区别。展示模型作为设计人员的专业语言，借助于立体模型，对展示设计的功能、形态、构造、结构、空间、肌理、色彩、材质等进行多方面的探索。展示模型的制作代表了一种创造性构思的发展过程。

展示模型展示实体的微缩模型。展示模型是按照一定的比例将展示物缩微而成，是传递、解释展示设计项目、设计思路的重要工具和载体。所以，在设计制作时应根据不同模型的用途选取适当的材料、工艺进行制作，同时要考虑符合美学的原则和处理技术等因素，以加强展示模型的可视性、可交流性和审美性。

展示模型具有独特的表现能力和特殊的用途。它不但能通过视觉传递展示内涵，还可以让观者通过触觉来体验，所以比平面表现图更有说服力。因此，在实体尚未建成之前，设计者可通过模拟实体的展示模型来向人们展现未来的设计形象。

（2）展示模型的用途

①完善设计构思。

展示设计中，当各种平面设计构思初步完成后，为了使功能、形态、构造、结构、材料和色彩等构思更加深入和完善，需要制作一些模型来帮助推敲、修改、完善原来的设计构思。而展示模型的表现形式能粗略地把设计意图表现得比较接近实体，在设计中起到一个立体草图的作用。

②表现展示实体。

展示模型是向观者展示某一设计作品的一种形式，其比例、材料和色彩模拟实体。常用于大型的展示设计投标和展示用途。它在制作工艺方面要求比较精细，要反映出设计的特色，向观者展示出设计的亮点，其作用是传递、解释、展示设计项目的设计思路，使建设单位、审查单位等有关方面对展示设计的综合效果有一个比较真实的感受和体验。

③指导施工。

结构比较复杂的展示设计，一些复杂的构造、结构，施工人员在平面图、立面图上不易看懂，由此会对施工造成困难。为了保证展示设计施工顺利进行，需要用实体模型的方式来展示设计在结构上的特点，以便施工人员按照设计进行施工。

（3）展示模型的特点

①直观性。

展示模型是以微缩实体的方式表现展示设计的，这种形式使展示设计的构思表现得更加深入、完善。由于它展示的是直观实体在三维空间的形象，因而，便于人们研究设计项目与环境、展示建筑与空间的关系，并据此做出可行方案。模型的直观性还表现在展示模型在模拟展示设计的完整感方面，它能够让观者通过模型来评价、欣赏展示设计完整的空间形式，乃至周围的整体环境。

②时空性。

展示模型的时空性是为观者提供一个模拟真实空间的观赏机会。这一模拟动态观赏过程使人们能够对展示的功能、形态、结构，体与体、面与面、体与面，空间与环境组合关系及展示设计的各个角度和整体全貌等有个清晰的认识，有利于人们多角度、多层次地分析和解决问题。

③表现性。

展示模型的表现性体现在形象化、真实性和完整性等各个方面。与其他表现形式相比，它的形象化特点更为明显，并且，形象始终贯穿于展示设计和表现之中。展示模型的真实性在于它以三维的立体形式，直观地反映于人的视觉中。展示模型的完整性在于它不同于只能单纯地表现展示设计的一个面或几个面的二维平面形式，它能表现展示设计的整个实体空间和环境。

（4）展示模型的类型

展示模型的类型根据制作材料可分为以下几类：

①卡纸展示模型。

卡纸展示模型适宜构思训练和短期实体展示模型的制作。卡纸展示模型制作简便，材料加工方便，黏结容易，在表现质感方面容易进行模拟处理等。但卡纸有遇潮时容易变形、不宜长期保存的缺点（图1-4）。

图1-4

②吹塑纸展示模型。

吹塑纸展示模型适宜一般的投标项目、临时展出和上级审批等短期性的工作任务。吹塑纸价格低廉，易加工，但制作精度不高，质感不强，不适宜制作长期使用的模型。

③发泡塑料展示模型。

发泡塑料展示模型适宜作为实体模型。发泡塑料材质软且轻，容易加工和修改，制作快，成本低。

④有机玻璃展示模型。

有机玻璃展示模型适宜投标、重要场合和长期保存使用。有机玻璃又称亚克力板，是一种丙烯酸合成塑料。有机玻璃材质具有一定强度，表面光洁，易于手工、机械和电脑加工，可进行切割、锉、刨、锯、钻、磨和涂饰等工艺处理，加温软化后可以弯曲成型。使用这种材料能得到十分精细、逼真和高档的效果。有透明和不透明的彩色板材。

⑤木质展示模型。

木质展示模型适宜空间结构分析和艺术欣赏之用。国际通用的木质展示模型主要采用胶合板材料，但价格高，不易加工，目前国内很少使用。木质模型经过涂饰处理可以模仿多种材质，并且具有雕塑般的艺术效果。

1.2.3 木质家具设计概述

木质家具的设计与制作工艺是现代家具设计至关重要的课题与内容。一般的木质家具都是由若干零部件按照一定的接合方式接合而成。木家具常见的接合方式有榫接合和五金件接合两大类。接合方式的合理与否直接影响到家具的美观性、接合强度和加工工艺过程。

（1）榫接合的类型

榫接合是传统框式家具常用的接合方式。它通过榫头压入榫眼或榫槽接合而成（图1–5）。

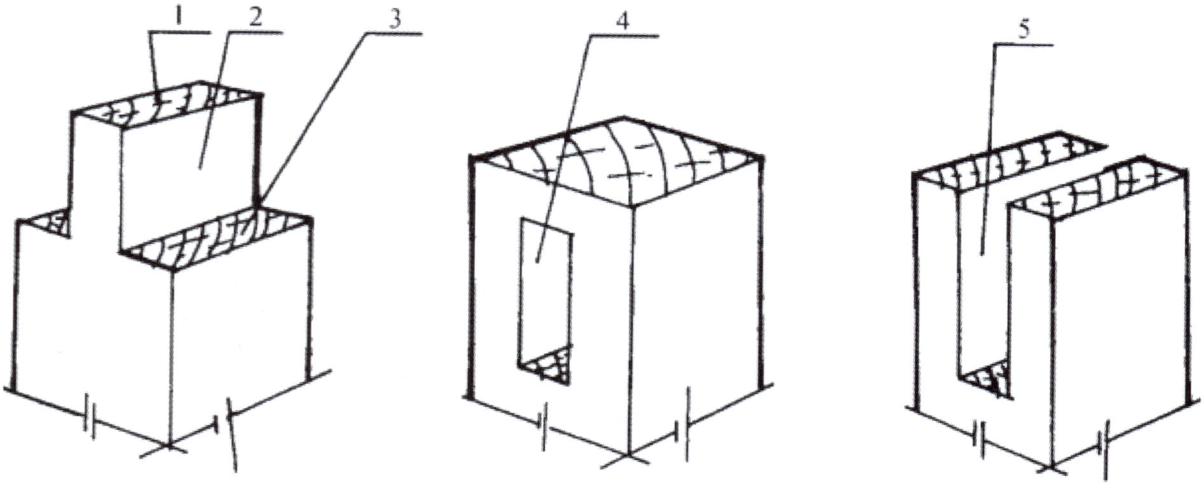

1. 榫端　2. 榫颊　3. 榫肩　4. 榫眼（榫孔）　5. 榫槽

图1–5

榫接合（图1−6）有多种类型，而根据其应用于家具中的部位，主要可归纳如下：

从榫头数目多少来看，有单榫、双榫、多榫（箱榫）之分（图1−7）。对单榫而言，根据榫肩的切榫形式，又可分为单面切肩、双面切肩、三面切肩和四面切肩等形式（图1−8）。由于四面切肩形式在加工过程中难以保证精度，所以较少采用。

一般桌椅的框架多采用单榫和双榫，而多榫常用于像抽屉、木箱等箱框的接合。

①整体榫与插入榫。

根据榫头和方材之间是否分离，有整体榫和插入榫之分。整体榫是在木质零件的端部直接加工而成，而插入榫的零件和榫头是分离的，分别单独加工，插入接合。如图1−9中直角榫和燕尾榫都是整体榫；圆榫、榫片等属于插入榫。

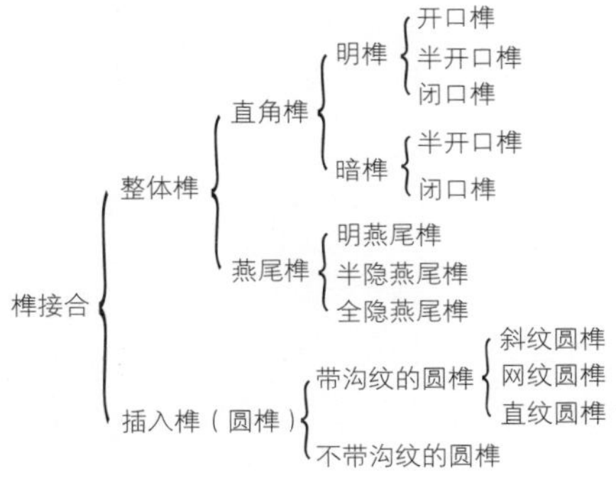

图1−6

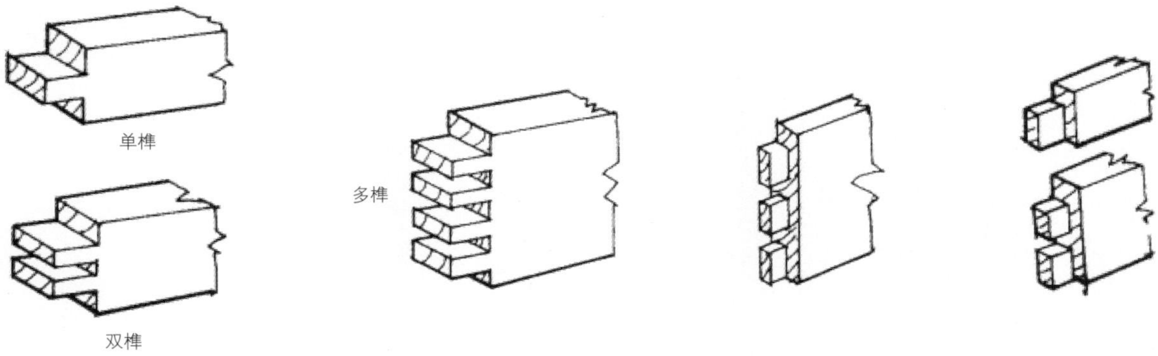

图1−7

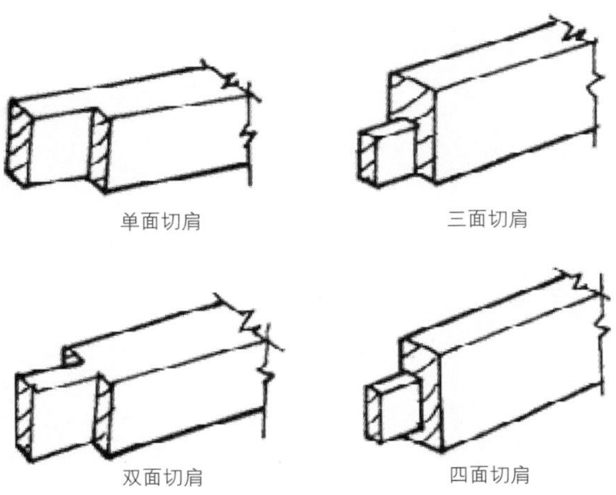

图1−8

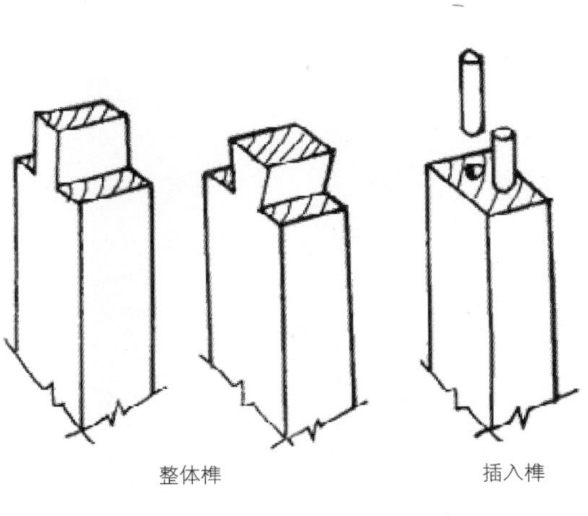

图1−9

②开口榫和闭口榫。

根据接合后能否看到榫头的侧边，和榫头是与榫槽还是与榫眼接合，有开口榫、闭口榫和半开口榫之分（图1−10）。开口榫加工容易，但强度欠佳且影响美观，有时为突出材质的肌理和结构特点而有意识地加以应用。闭口榫接合强度较高，外观也好。半开口榫兼有二者的特点，既可防止榫头侧向移动，又可增加胶合面积以提高接合强度。

③明榫和暗榫。

按榫头贯通与否，又有明榫和暗榫之分（图1-11）。明榫的榫端外露，影响家具的外观和涂饰质量，但接合强度较大；而暗榫可避免榫端外露，增加产品的美观性，所以，一般家具多采用暗榫接合。

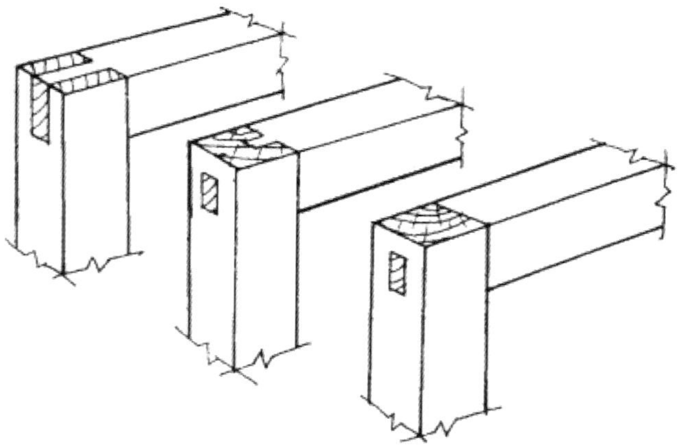

图1-10

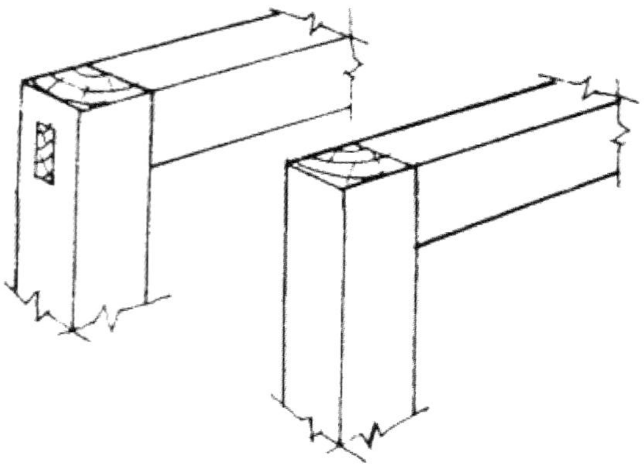

图1-11

（2）方榫接合的技术要求

家具损坏大多出现在榫接合部位。榫的接合要保证足够的强度，就必须符合一定的尺寸和要求。就方榫来说，主要的技术要求如下。

①榫头的厚度。

榫头厚度视工件大小和接合的要求而定，一般单榫榫头厚度为开榫方材断面厚度的0.4~0.5。为了易于插入榫眼，常将榫端的两边或四边削成30°的斜棱；当零件断面尺寸大于40mm×40mm时，应采用双榫，这样既可增加接合强度，又可防止方材滚动。双榫的总厚度应是工件厚度（或宽度）的1/2~1/3。由于榫接合采用基孔制，在确定榫头厚度时应将其计算值调整到与木凿或方形套钻规格相符的尺寸。榫头厚度一般有 6mm，8mm，9.5mm，12mm，13mm，15mm 等几种规格。

经验表明，当榫头厚度等于榫眼宽度或比榫眼宽度小0.1~0.2mm，即间隙配合时，抗拉强度最大。当榫头厚度大于榫眼宽度时，一方面易引起缺胶而降低接合强度，另一方面容易使被接合件在装配时产生端头劈裂，所以不可取。

②榫头的宽度。

单榫的榫头宽度视工件大小和接合部位而定，切肩单榫的肩宽约为工件宽度的1/3。当榫头宽度在40mm以上时，榫头宽度的增大对抗拉强度的提高并不明显。因此，应从中间锯切一部分，分成两个榫头，以提高接合强度。一般来说，榫头宽度比榫眼长度大0.5~1.0mm，即过盈配合时，接合强度为最大。其中，硬材为0.5mm，软材为1.0mm。

③榫头的长度。

榫头的长度根据接合形式而定。对于明榫，榫头长度一般要略大于榫眼深度（为3~5mm），以便接合后刨平。对于暗榫，榫头长度应不小于榫眼零件厚度（或宽度）的1/2。暗榫榫头与榫眼配合时，两者之间一般有2mm左右的间隙，这样既可避免因榫头加工不精确或涂胶过多而顶住榫眼底部以致榫肩与方材间形成缝隙，又可以贮存少量胶液，增加胶合强度。

④榫眼与榫孔的加工角度。

榫头与榫肩应垂直，可略小，但不可大于90°，否则会导致接缝不严。暗榫孔底部可略小于孔上部尺寸1~2mm，不容许超过孔上部尺寸。明榫的榫眼中部可略小于尺寸1~2mm，但不要大于基本尺寸。

⑤榫接合对木纹方向的要求。

榫头的长度方向应顺纤维方向，横向易折断。榫眼开在纵向木纹上，即弦切面或径切面上，开在端头易裂且接合强度小。

（3）圆榫

圆榫是断面形状为圆形的一种插入榫。现在较常见的插入榫是圆榫，主要用于板式部件的接合与定位，当用于定位时，还需专用连接件接合；而用作结构件时，不需用其他专用连接件。圆榫也可以用于方材的组框接合。

以圆榫取代方榫（整体榫），可以节约木材，简化生产工艺，提高劳动生产率，并且圆榫加胶接合后可获得较大的接合强度，所以有较大的优越性，适合于大批量生产。为了提高接合强度，一般装配时先在榫孔中或圆棒表面施胶。圆棒表面常压有贮胶的沟纹，根据沟纹的形状不同，又可把圆棒分为直纹、斜纹、网纹等形式。而定位用的圆棒因不需施胶，因此表面无沟纹。图1-12为常见圆榫形式。

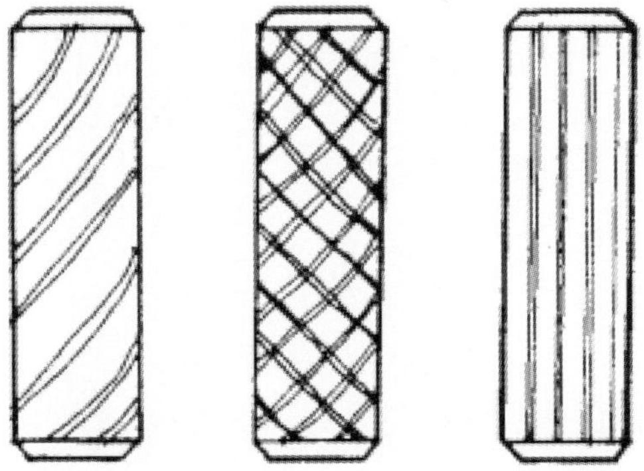
图1-12

①材质。

制作圆榫的材料应选用密度大、无节无朽、无缺陷、纹理通直、具有中等硬度和韧性的木材，一般采用青冈栎、柞木、水曲柳、桦木等。

②含水率。

圆榫的含水率应比家具用材低2％~3％，在施胶后，圆榫可吸收胶液中的水分而使含水率提高。圆榫应保持干燥，不用时要用塑料袋密封保存。

③圆榫的直径、长度。

圆榫的直径为板材厚度的0.4~0.5，目前常用的规格有Φ6、Φ8、Φ10三种。圆榫的长度（L）为直径的3~4倍。目前常用的为32mm，不受直径的限制。

④圆榫接合的配合要求。

圆榫配合孔深：垂直于板面的孔，其深度h_1=0.75×板厚或≤15mm；垂直于板端的孔深$h_2=L-h_1+0.5\sim1.5$。即孔深之和应大于圆榫长度0.5~1.5mm。

圆榫与榫眼径向配合应采用过盈配合，过盈量为0.1~0.2mm时强度最高。但用于板式家具中，基材为刨花板时，过大会引起刨花板内部破损。

涂胶方式直接影响接合强度，圆榫涂胶强度较好；榫孔涂胶强度要差一些，但易实现机械化施胶；

圆榫与榫孔都涂胶时接合强度最佳。

凡是由两个或两个以上零件构成的家具的独立安装部分，称为家具部件，如家具的拼板、空心板、覆面刨花板、木框门、箱框抽屉等。家具一般是由部件组装而成。下面介绍几种主要部件的结构形式与接合方法。

（4）拼板

采用特定的结构形式将窄的实木板拼合成所需宽度的板材称为拼板。常见拼板有实木台面板、实木门板和椅座面板等。为了避免和减小拼板的收缩量和翘曲量，单块木板的宽度应有所限制。有些工厂规定，当板宽超过200mm时，应锯成两块使用。采用拼板结构，除了应限制板块的宽度外，同一拼板零件中的树种和含水率也应一致，以保证形状稳定（图1-13）。

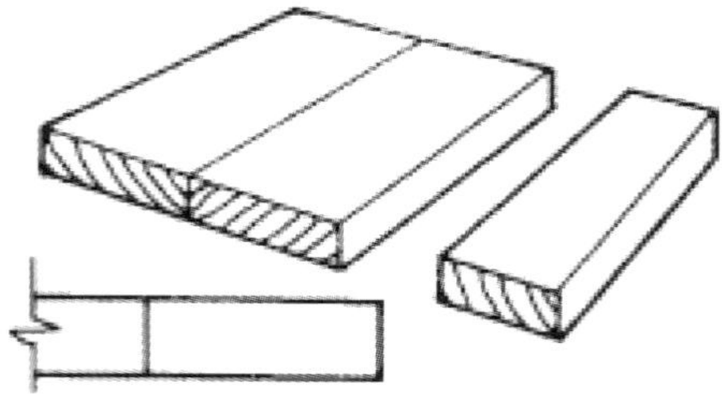

平拼　拼板侧面平直。此法优点是加工简单，应用广泛；缺点是板面不易对齐，易产生不平现象。

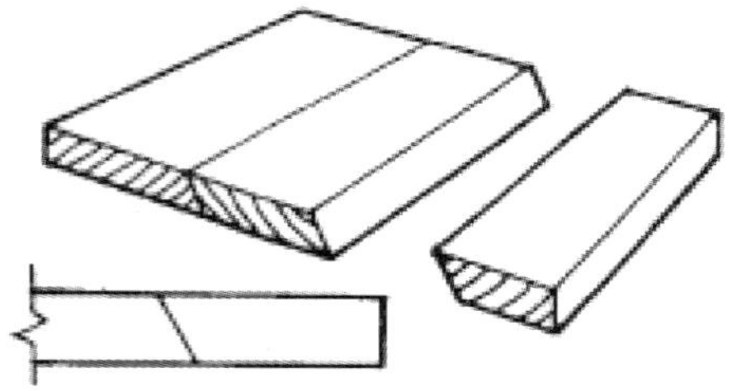

斜口拼　在平拼的基础上将平口改为斜口，可增大胶合面积，提高接合强度和材料利用率。

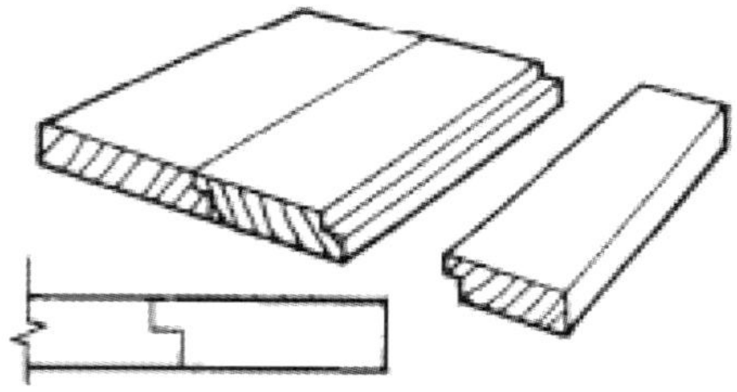

裁口拼　裁口拼又称高低缝拼，此法易将拼板对齐，防止凹凸不平，但加工复杂。

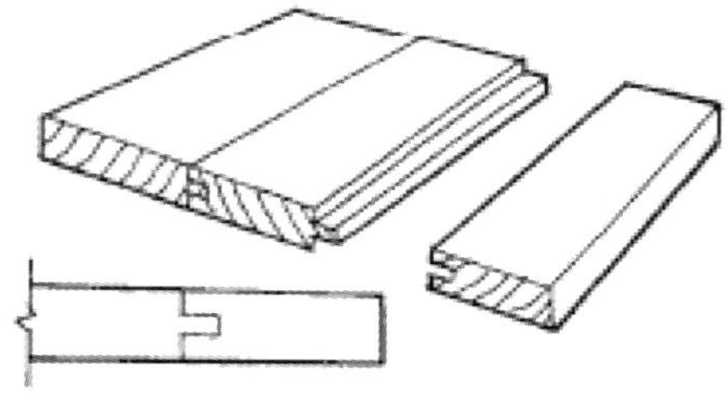

凹凸拼　凹凸拼简单可靠，当胶缝开裂时，拼板的凹凸结构仍可掩盖胶缝；但加工复杂。

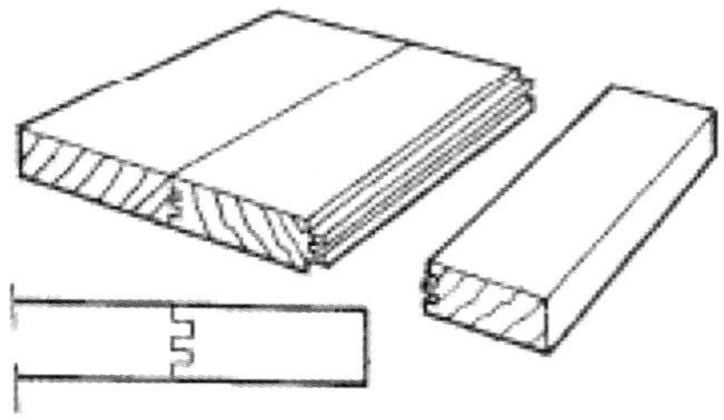

齿形拼　齿形拼又称指形拼，胶缝中有两个以上小齿形，拼合表面平整，厚度加工余量小，可节约木材；但加工复杂。

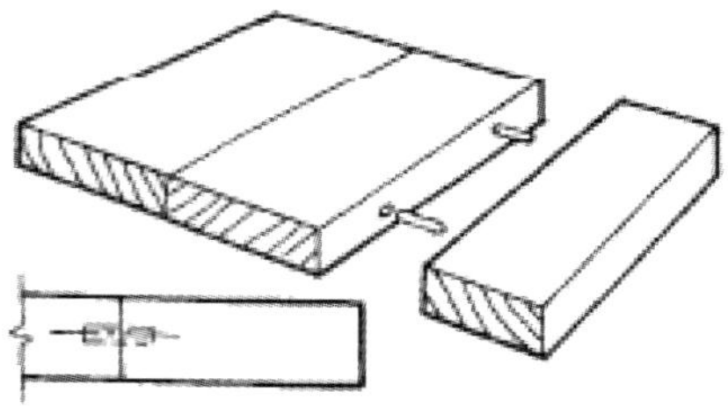

圆榫拼　圆榫拼的拼合面同平拼，加圆榫后可以增加接合强度，节约材料；但圆榫的孔位要求精度高，加工复杂。

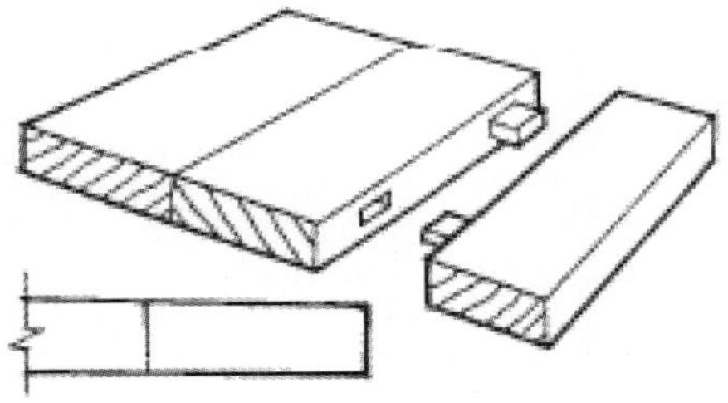

方榫拼　其原理同圆榫拼，比圆榫有更大的接合强度；但榫眼定位精度高，加工复杂。

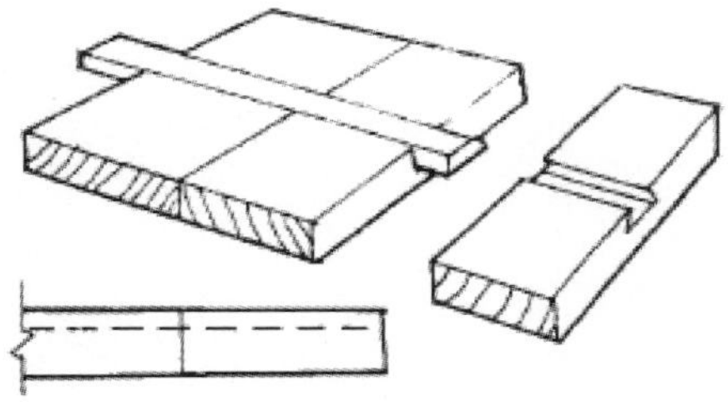

穿带拼　穿带拼是将穿带木条加工成燕尾形断面的楔形条，然后插入相应槽口。此法一般用在其他拼接的基础上，用以防止板面翘曲。

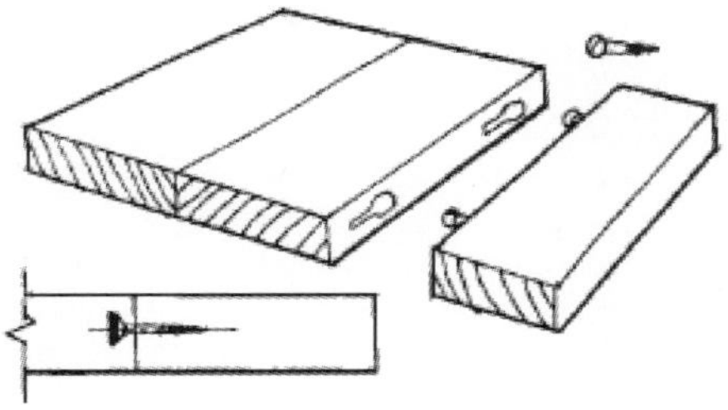

暗螺钉拼　在拼缝的一侧开出匙形孔槽，而在另一侧拧上螺钉，使螺钉头伸出部分的长度略小于匙形孔深，然后插入圆孔中并推入窄槽内，板面不留痕迹，接合强度大；但加工十分复杂。

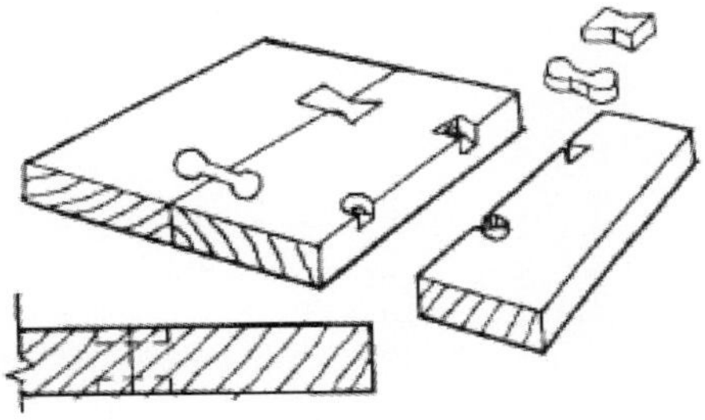

木销拼　将木制销嵌入拼板接缝处相应的凹槽中。此法较适合于拼合板，并可防止拼缝开裂。

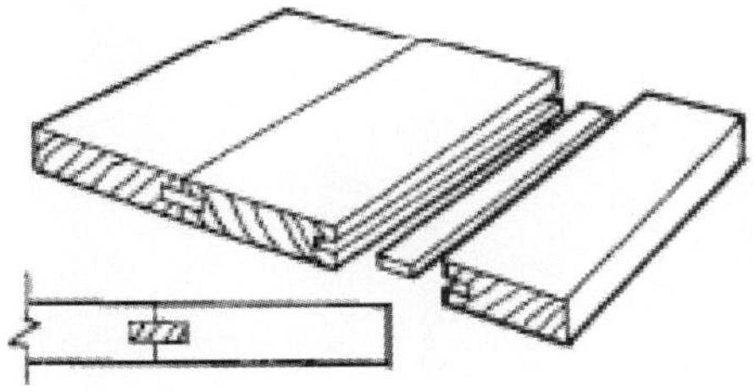

穿条拼　穿条拼加工简单，胶合强度高，木材消耗同平拼，常用胶合板边条作为拼接板条，是应用较广泛的拼接方法。

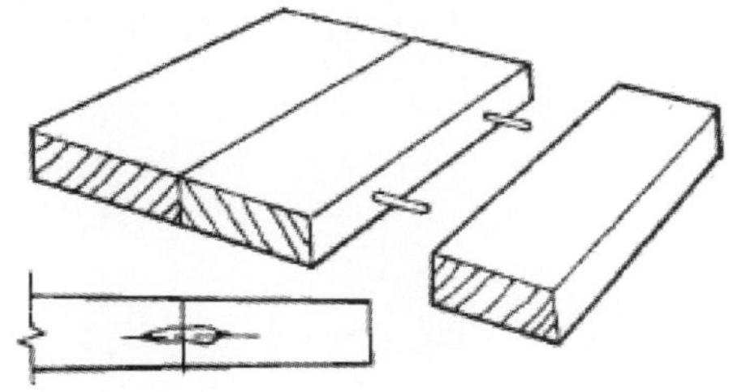

竹梢拼　竹梢拼与圆榫拼相同，可以增加接合强度，且加工简单，应用较广泛。

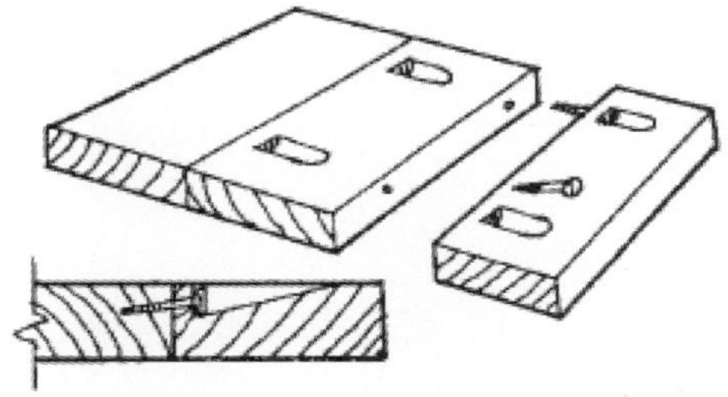

明螺钉拼　在拼板的背面钻出圆锥形凹坑。将木螺钉拧入并与邻板拼接，操作简单，接合强度大，可防止木材开裂脱胶。

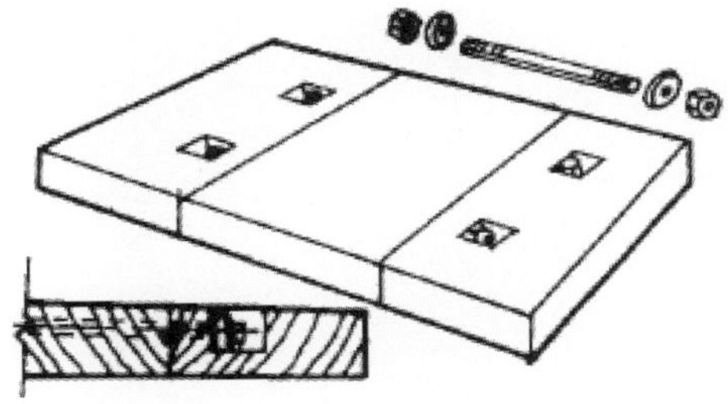

螺栓拼　螺栓拼是一种重型拼板方法，其拼接强度大，多用于实验台、工作台等的拼合。

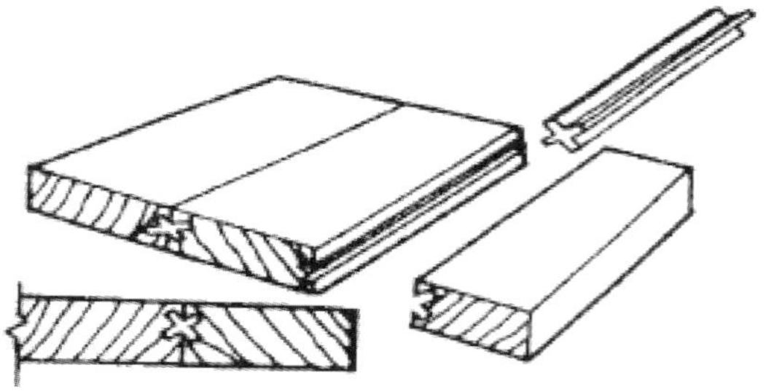

十字穿条拼　用十字形穿条取代平板拼条，是更加牢固而紧密的拼板方法。但加工十分复杂，需专用的设备加工。

图1-13

（5）接长

方料和厚板可以通过各种方式接长，从而实现短料长用，节约木材。接长方式以胶合为主。为增大胶合面积，提高胶合强度，常把接合面加工成不同形状。根据零件的不同外观形状，可把接长形式分为直线零件的接长和曲线零件的接长两大类（图1-14、图1-15）。

曲线零件的接长结构，主要用于圆桌镶边、圆形包脚、望板等的搭接。

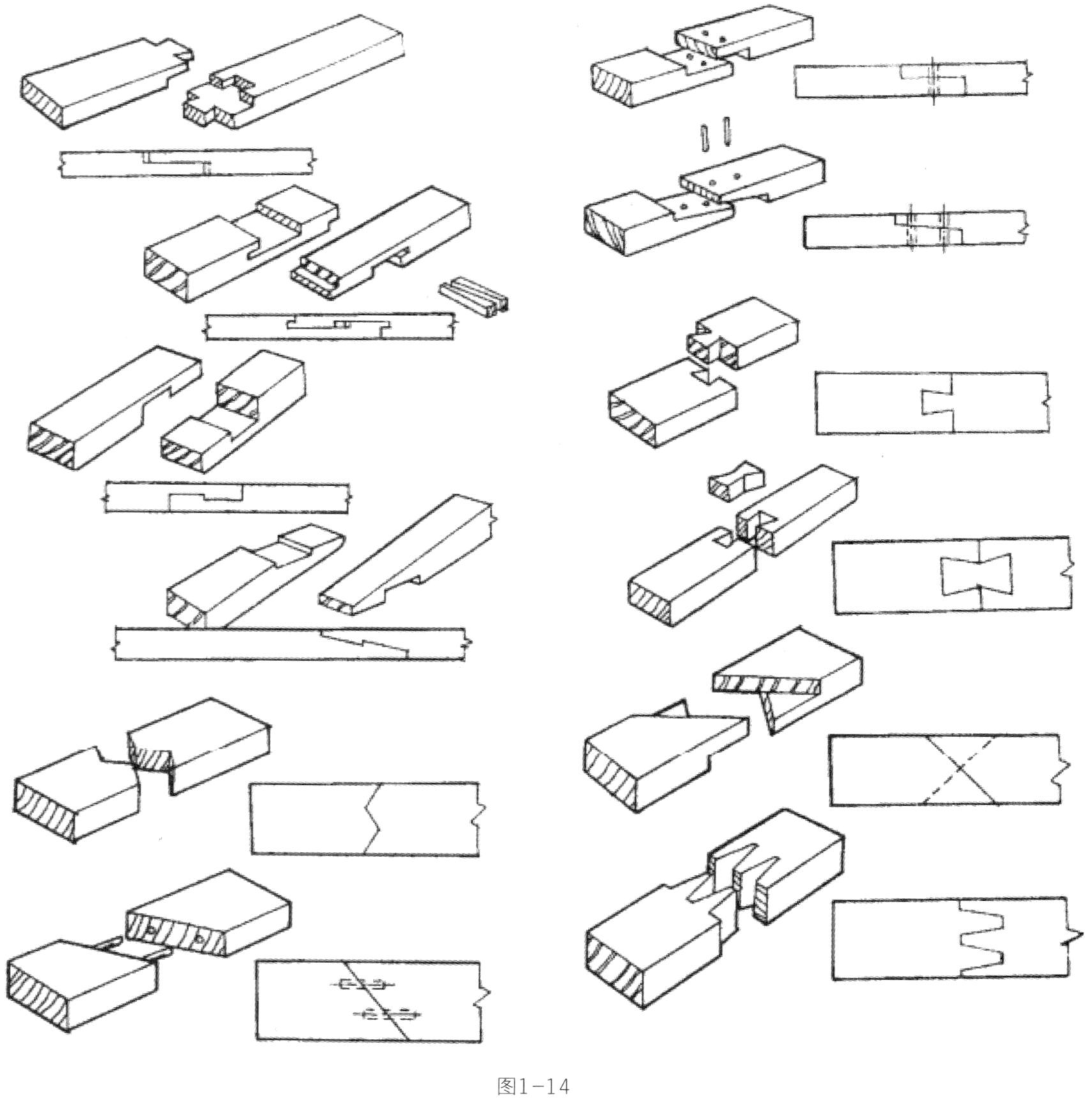

图1-14

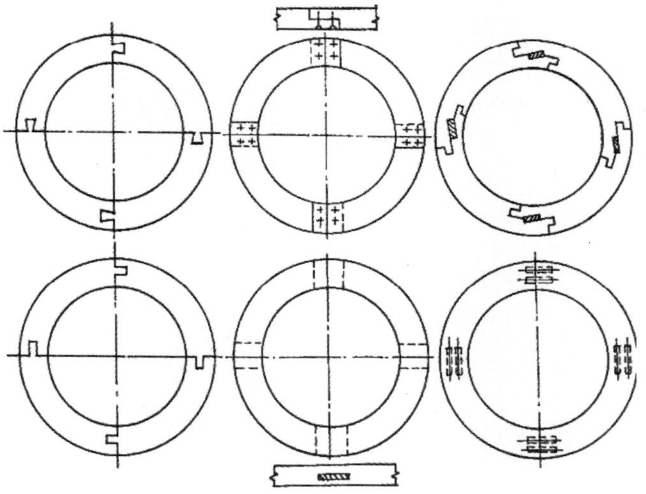

图1-15

（6）箱框结构

箱框结构指用板材构成的箱体或框体结构。常采用整体榫或插入榫接合，有时也采用金属钉接合、金属连接件接合等形式。常见的箱框角接合见图1-16。箱框结构主要用于传统的箱柜主体的实木板材接合。

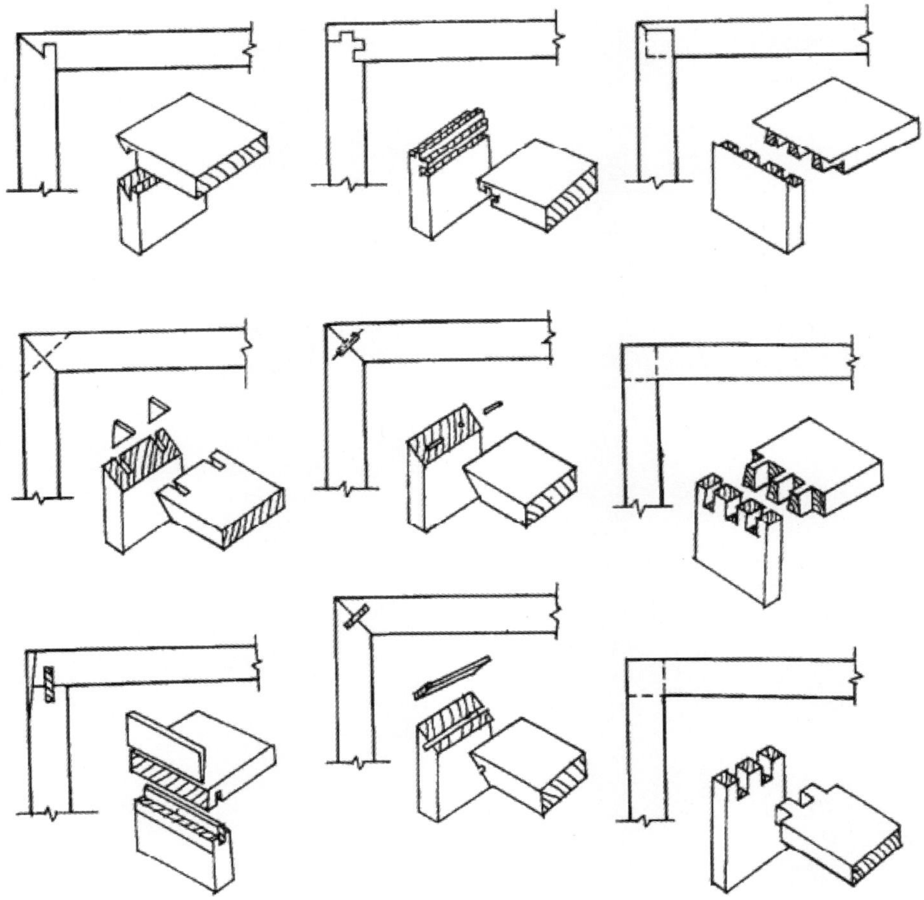

图1-16

（7）古典家具结构

中国的古典家具，特别是明式家具以简洁而华贵著称，在家具史上享有盛誉。而其独特的结构也给中外专家留下了深刻的印象。柏林一份18世纪家具目录提到从前“选帝侯珍藏”的一座装饰华丽的中国黄花梨拔步床：“床架的奇特之点在于其构造中没有采用一根钉子。所有其他方面也显示出制作者的艺术造诣和技巧。”

图1-17（a）（b）（c）（d）为中国古典家具榫卯构造示意图。

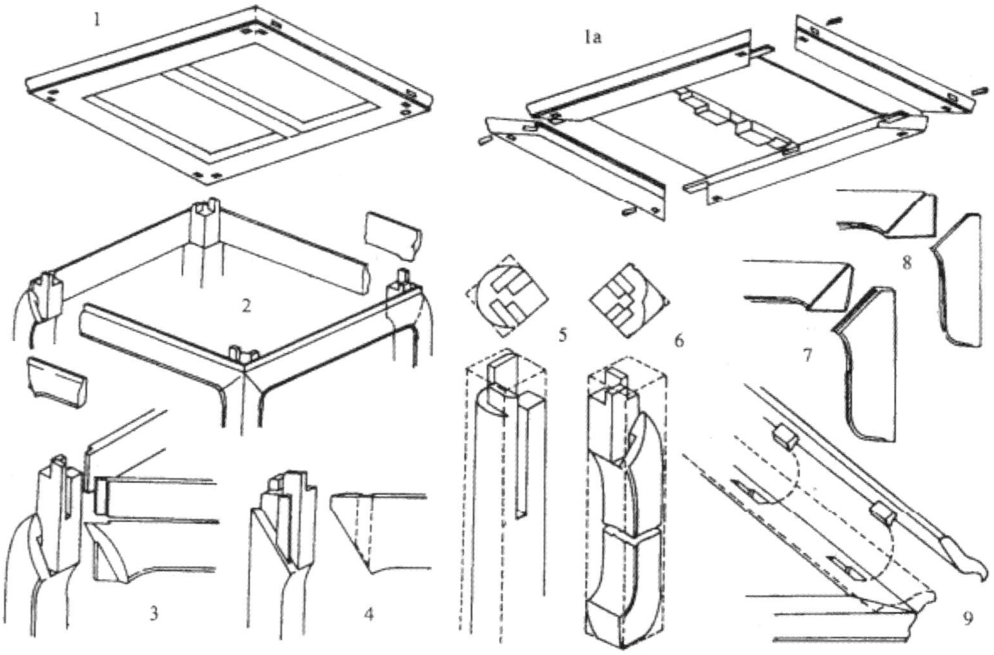

（a）

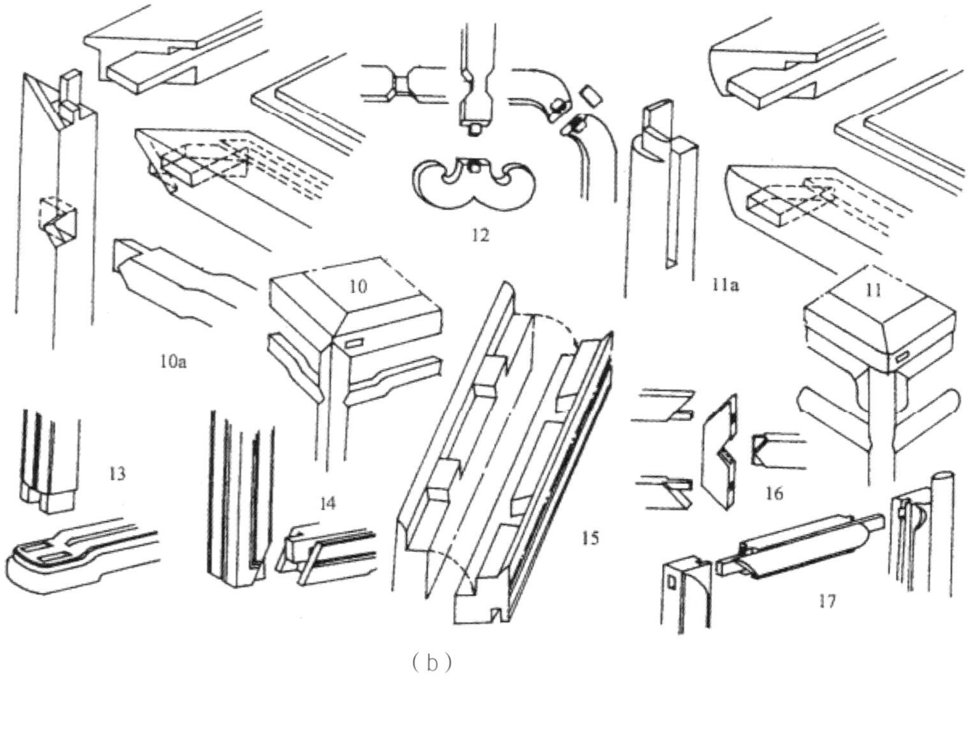

（b）

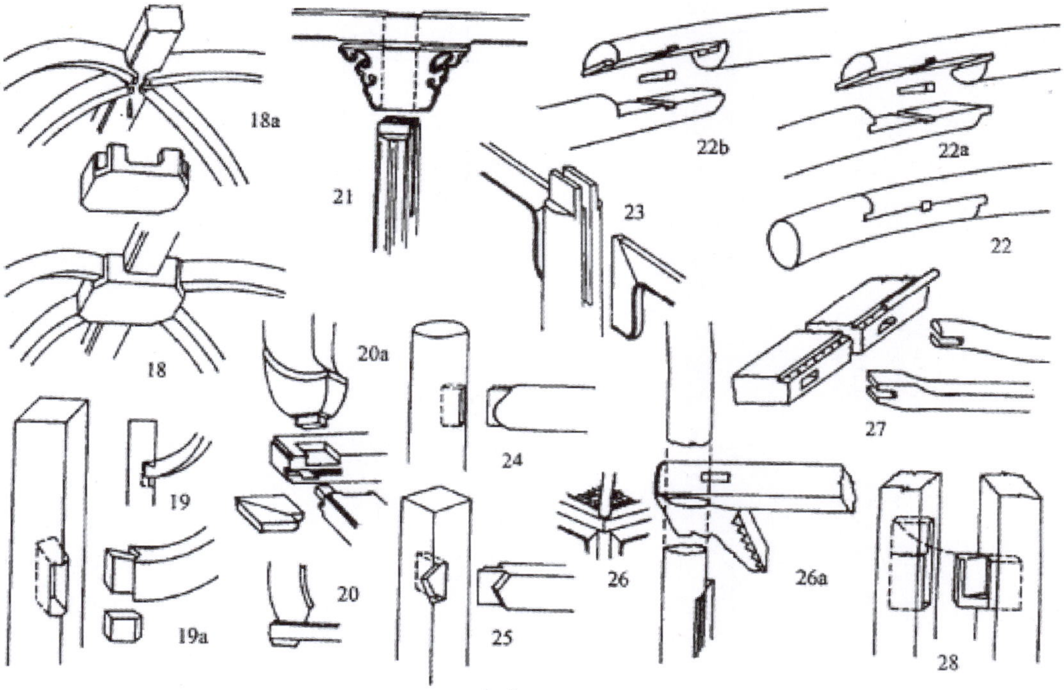

（c）

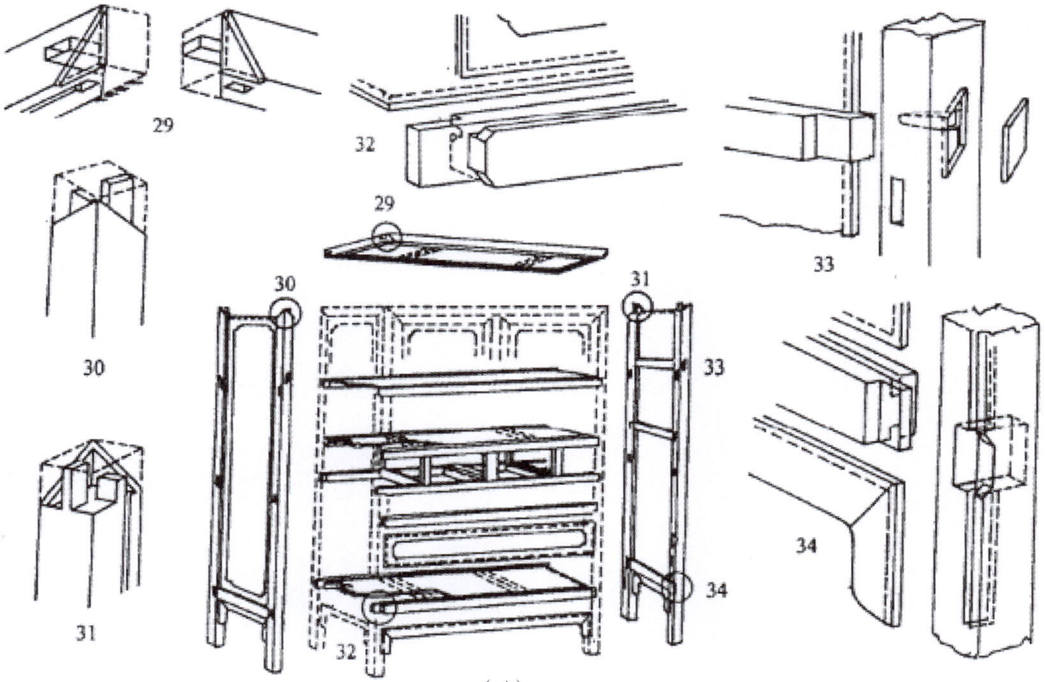

（d）

图1-17

1.2.4 包装及木质包装概述

从传统的定义上讲，包装的基本作用就是保护产品、促进销售。现代包装理论认为：包装是起源于周密的设计策划，依据一定的商品属性、容器结构、材料、制作工艺等多方面要求才得以完成的创意活动，其设计思维和创意过程受商业竞争、社会文化、民俗习惯、审美价值、生产工艺、实用价值、经济价值等诸多因素制约，需要在设计过程中加以认识和研究，从而创造出在实现其基本功能以外，既能体现商品文化价值，又能适应生产工艺的优秀作品。

在包装设计中，包装材料的使用可以追溯到人类历史文明初期。早在有文字记载的历史以前，人类就开始直接取用植物藤蔓、树叶、禾草和竹子等编制筐篓，用来盛装谷物、蔬菜，用竹筒作为饮水容器。今天，运用在包装设计上的材料种类就更多了，如木、藤、草、毛、叶、竹、茎、壳，到人造材料纸、塑料、玻璃、陶瓷、木材、纺织品等。包装材料不同，对包装设计产生的效果不同，适应的范围也不相同。因此在包装设计中材料的运用十分关键，它决定着产品销售的好坏、加工的难易、产品免受破损的程度。木材由于加工工艺简单、适用性强、强度高、价格便宜，具有其他包装无法比拟的优点，在全世界包装设计中得到最广泛的应用。据了解，我国现阶段有1/3以上的商品使用木质包装，这些商品包括五金制品、机电产品和部分农副产品等。由于木质包装有良好的载重性、抗压性、抗弯性和抗冲击性，适用性强，是现有瓦楞纸箱、蜂窝纸板箱无法替代的材质，因此一些大中型包装件，尤其是一些精密的机电产品广泛应用木质包装。

（1）包装结构设计要点

包装结构设计指从科学原理出发，根据不同包装材料、不同包装容器的成型方式，以及包装容器各部分对结构的要求，对包装的内、外构造所进行的设计。在设计的目的上主要解决科学性与技术性；在设计的功能上主要体现容装性、保护性与方便性，同时辅佐包装造型与包装设计，体现显示性与陈列性。

①容装性。

包装必须能够可靠地容装所规定的内装物数量，不得有任何泄漏或渗漏。

②保护性。

包装必须保证内装物在经过一系列的装卸、运输、仓储、陈列、销售后直至消费者在有效期限内启用都不被破坏。这里既包括对内装物的保护，也包括对包装自身的保护。

③方便性。

包装必须方便装填(灌装)、运输、装卸、堆码、陈列、销售、携带、开封、使用、处理。

④显示性。

包装必须具有明显的辨别性，在琳琅满目的市场货架中以自身显著的特点使人们能够迅速地辨别出来。

⑤陈列性。

包装必须在充分显现的前提下具有良好的展示效果，或者说具有理想的吸引力，以诱使消费者当场决策购买，或留有深刻印象以便下次购买。

（2）木材在包装中的运用

木材在包装中的运用是指用于商品的支撑、保护，作为运载材料应用于大型机电设备及大型罐类容器的底座固定。在我国较为常见的木材包装容器有普通木箱、滑木箱、框架、特殊木箱、底盘和钢丝捆扎箱，每年用于机电产品包装的木材就达1000万立方，而木材包装制品的应用形式有：

①大型木材包装箱(内装物500kg或以上)，主要应用于大型机电设备、仪表、仪表柜的包装。

②小型木包装箱(内装物500kg以下)，主要应用于内燃机等小型机电设备、五金零部件、电子元件、卫生洁具、建筑材料、家用电器、体育用品和食品水果等包装。

③木材底座，主要应用于大型机电设备及大型的罐类容器底座固定。轴承、管状件、五金工具、电子元件、汽车配件等也都使用木箱，就是不使用木质底座的瓦楞纸箱、铁桶、塑料桶等也离不开木材包装物。

④木质托盘，主要指应用于缠绕包装的托盘，如化工原料、生活用品、粮食等运输的托盘。

⑤木材包装的填充辅料：主要指应用于包装箱的底托、隔板、支架、固定物、木轴楔等包装结构。用于包装的人造板有胶合板、刨花板，一些其他的板种如细木工板也用于木材包装箱，主要应用于一些仪器、食品和水果等物品的运输。细木工板式包装箱的特点是强度高、不易变形、不易损坏、全封闭，并且不需设防潮措施，美观大方。

图1-18为中国台湾某公司出品的虾片食品包装。将塑料小包装的虾片装在木板箱里，从木板格栅可以看见摇头晃脑的卡通虾，木纹可以让人感觉到船板经历过风浪，寓意强烈，并极大地提高了销售量。

图1-18

1.3 木工造型设计与制作常用材料

木工造型设计与制作所涉及的材料主要以木材为主，其他如复合材料、纸材、塑料、金属等辅材以及各种黏合剂也较为常用。木材形体规整，体积感强，能加工成各种构件，包括木方、实木板、大芯板、胶合板、纤维板等。纸材加工方便、成本低廉，包括各种印刷纸张和纸板。塑料的装饰效果最佳，色彩多样、肌理变化丰富，有聚氯乙烯（PVC）、聚乙烯(PE)、聚苯乙烯(PS)等。金属材料硬度高，表面光滑，能起到很好的支撑作用和装饰效果。

1.3.1 木材

木质材料是最传统、最常用的造型材料，木材质地均衡、裁切方便、形体规整，自身的纹理亦是最好的装饰，在传统风格造型中表现力非常强。木材的加工比较严谨，最好利用机械切割、打磨。光滑的切面与细腻的纹理是制作效果的制胜关键。

现代木质材料非常丰富，除了实木（图1-19、图1-24）以外还有各种成品木质加工材料，例如：大芯板（图1-20）、指接板（图1-21）、胶合板（图1-22）、密度板（图1-23）等。

1.3.2 纸材

纸材在各种模型制作中应用较为广泛，它质地轻柔、规格多样、饰面纹样丰富且加工方便，但一般不独

图1-19　实木方

图1-20　大芯板

图1-21　指接板

图1-22　胶合板

图1-23　密度板

图1-24　木线条

立使用，它的制作基础来源于其他型材。如果用它来制作模型的支撑构件容易造成变形、弯曲等现象。

目前，常用于模型制作的纸质材料主要有书写纸、卡纸、皮纹纸（图1-25）、瓦楞纸（图1-26）、皱褶纸（图1-27）、玻璃纸（图1-28）、厚纸板、箱纸板（图1-29）等，它们的厚度、质地均不同，用途各异。

图1-25　皮纹纸

图1-26　瓦楞纸

图1-27　皱褶纸

图1-28　玻璃纸

图1-29　箱纸板

1.3.3　塑料

塑料与其他材料相比，具有耐化学侵蚀，光滑平整，部分透明或半透明，重量轻且坚固、易加工等特点，是制作高档模型的重要材料。根据塑料的使用特性，主要有聚氯乙烯（PVC）、聚乙烯(PE）、聚苯乙烯（PS）、聚甲基丙烯酸甲酯（PMMA）、丙烯腈丁二烯苯乙烯共聚物（ABS)等（图1-30~图1-33）。

图1-30　KT板

图1-31　PMMA板（俗称亚克力板、有机玻璃板）

图1-32　PVC板制作的建筑墙体与构件

图1-33　PMMA板制作的建筑模型

1.3.4　金属

在现代木工造型中，金属材料虽然应用不多，但是它具有坚硬的质地、光滑的表面、浑厚的体量，仍然是不可或缺的模型制作材料。金属材料主要用作支撑构件和连接构件，有时为了刻意表现金属质感，也将金属板材用作围合装饰。常用于模型制作的金属材料主要有铁丝、螺钉、不锈钢型材等（图1-34、图1-35）。

图1-34　金属“鸟巢”模型

图1-35　金属钉

1.3.5 粘胶、黏合剂

粘胶与黏合剂是木工造型制作中必备的辅助材料，它能快速黏结各种材料，相对于构件连接的方式，能大幅度提高工作效率。制作时要根据材料的特性正确选用，不能一味追求万能的黏结效果。目前常用的黏合剂主要有不干胶、白乳胶、502胶、504胶、801大力胶、硅酮玻璃胶、透明强力胶等几种。

1.4 手工工具、木工机械的认识与基本操作

1.4.1 手工工具

手工工具见图1-36。

图1-36　各种手工工具

（1）刀具

美工刀、剪刀、手术刀、单双面刀片、木刻刀等。

（2）度量工具

丁字尺、三角板、三棱比例尺、钢板尺、角尺、卷尺、曲线尺等。

（3）其他辅助工具

铅笔、圆规、手锤、钢丝钳、手锯、镊子、木工刨、木凿、电烙铁、注射器、工具箱等。

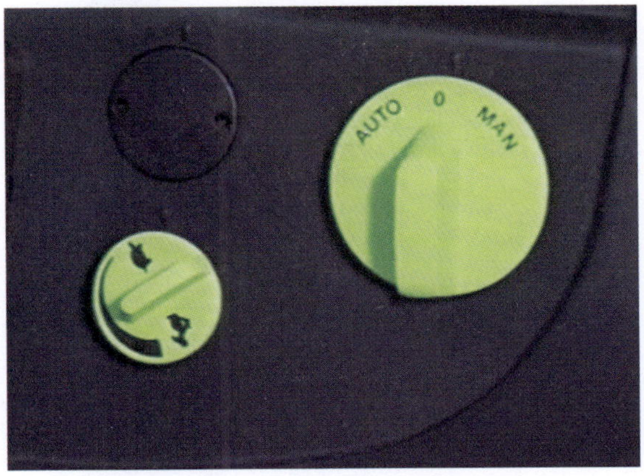

图1-37　吸尘器开关旋钮

1.4.2 木工机械的认识与基本操作

本节实验内容主要是了解木工操作的基本过程与正确方法，了解并初步具备操作电动木工工具的能力，加强学生对设计作品的直观性和实际运用的适应性，并树立安全生产意识。

以下主要介绍德国费斯托（Festool）系列木工机械。学生在实验室能够完成切割、刨削、打磨、铣形、钻孔、开榫等工艺实验。

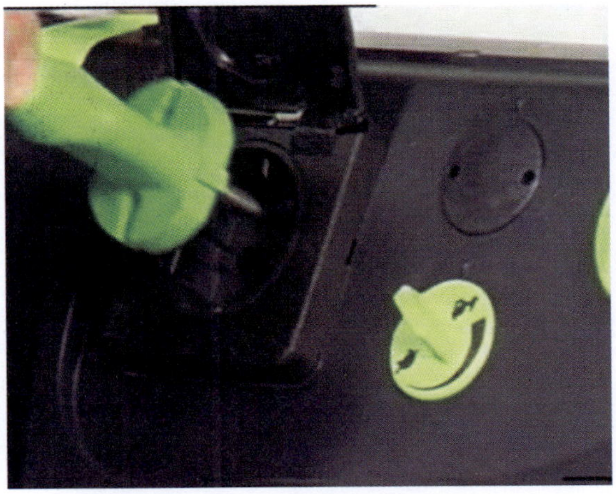
图1-38　吸尘器应用插槽

（1）吸尘器的使用

①电源连接。

将电源插座接上额定的电源。拔掉插头时，确保吸尘器是关着的。

②开关旋钮。

如图1-37、图1-38所示，旋钮在位置“0”时吸尘器是关闭着的，应用插座无电源。

有两种操作模式：

a.开关位置“MAN”：吸尘器马达立即启动。应用插座无电源。此时可用来吸取工具及工作台上的木锯灰。

b.开关位置“AUTO”：应用插座有电源。吸尘器马达只在连接到应用插座上的工具开动时才启动。

注意！在把开关旋至“AUTO”位置之前，要确保连接到应用插座上的工具是关闭着的。

③吸力调节装置。

吸力调节装置可以用来改变吸尘能力。调节该装置可吸取不同物质。

④连接电动工具。

把电动工具接至应用插座，当插头插入或拔出时，确保电动工具是关闭着的。

图1-39　通过转动图中手所指曲柄可使锯片在0~70mm间调节

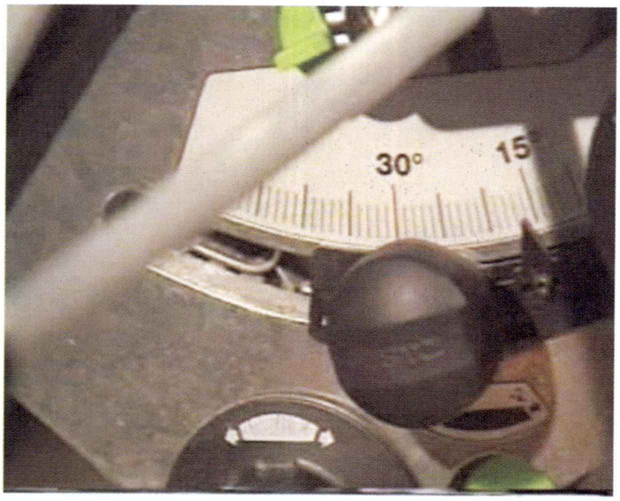

图1-40　转动手柄可使锯片在0°~45°间调整

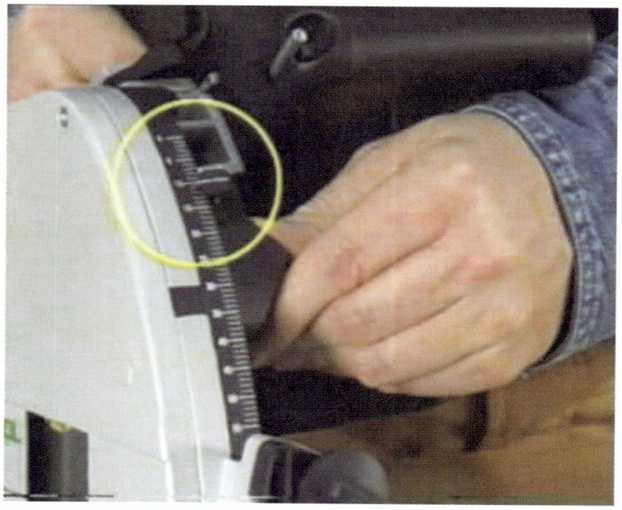

图1-41　按下切割深度标记按钮沿刻度尺移动来调整切割深度

（2）台锯的使用

①电源连接和启动。

将电源插座接在吸尘器的应用插座上，直径27mm的吸尘管连接在上部防护罩上，直径36mm的吸尘管连接在下部防护罩上。

开关在台锯平台下方，绿色按键为打开按钮，红色按键为关闭按钮。

②锯片调整。

a.调整锯片高度。如图1-39，锯片将被锁定在最初的位置（设定位置角度为0°、高度为50mm）。

转动曲柄可为0~70mm无级调节锯片高度。

当锯片高度比工件厚度高2~5mm，可达到较整洁的锯削切面。

b.斜面切割的调整。如图1-40，使用转动手柄可使锯片在0°~45°旋转到符合刻度盘指示的位置。

③角度调整。

引导平面最多可旋转180°。

拧松固定旋钮，将锁定销向上提。一般的角度位置可用锁定销锁定。重新调整角度位置后应再次旋紧旋钮。

（3）圆锯的使用

①电源连接和启动。

将电源插座接在吸尘器的应用插座上，直径27mm的吸尘管接在木屑出口上。

首先推开接通连锁，然后按下扳机式开关（按下为开，松开为关）。在接通连锁和切入锯削机构的联合作用下切入锯削装置松开，然后可以把工具按至所需的深度。在打开电源和切入工件之后，通过握住此工具的两个手柄来锯材料并引导工具在工件上行进。当圆锯从工件上提起时，弹簧自动把工具回复到起始位置。

②调整便携式圆锯。

a.调整切割深度：如图1-41所示，切割深度可以在0~55mm范围无级调整。按下球头，通过使用刻度尺和切割深度标记来设置所需的切割深度。把锯片调整至凸出工件2~5mm可以得到最整洁的切割。

b.调整角度切割：如图1-42所示，松开旋转球头，通过端点的左边缘在刻度尺上设置0°~45°的角度。拧紧第一个旋转球头和第二个旋转球头。圆锯的旋转支点位于导轨的接触杆和切割边缘的相交点上。

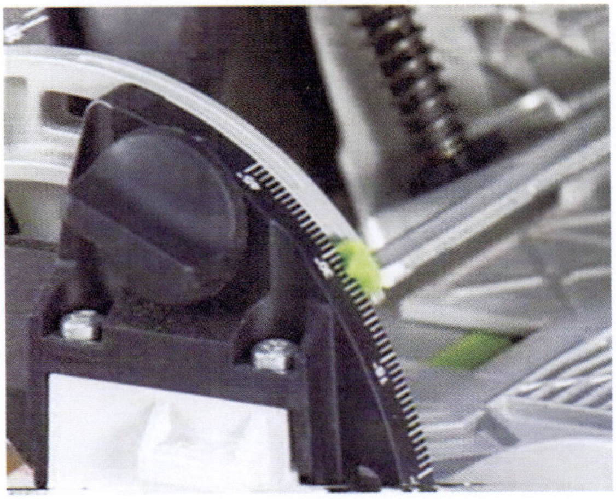
图1-42　松开旋转球头用于调整角度

c.切割指示：锯片的切割可在位于圆锯平底前部的切割边缘处。

③使用导轨切割。

将导轨放置于圆锯底板和木板表面之间，使导轨边缘与木板表面切割线重叠（导轨边缘＝切割线），这样推动圆锯切割可使切割更为精准且表面不被拉毛。使用专用夹具可以紧固高精度锯割导轨，这对加工不平整的工件特别重要。

注意！使用导轨切割时切割深度必须在原所需的切割深度上再加5mm。

（4）曲线锯的使用

①电源连接和启动。

将电源插座接在吸尘器的应用插座上，直径27mm的吸尘管接在木屑出口上。

有一个推钮开关主管工具的开和关，可以使用锁定钮来锁定以便连续运转，按一下按钮即可释放锁定。

图1-43　曲线锯配合锯圆器

②曲线锯工作。

曲线锯可以沿着已画好的线自由锯切。

使用导轨可以对木板进行准确且笔直的加工，加工深度达20mm。切割时曲线锯安上一个导向底座，并沿导轨滑行。

a.切割圆形：如图1-43所示，使用锯圆器可以锯切圆形,半径为120~720mm，锯圆器可以安放在基座的两边。

b.穿透切割：如图1-44所示，可以对木材进行穿透锯，使用最大的冲程数值并垂直切入工件。

图1-44　曲线锯进行穿透锯

此曲线锯可安装在机架装置上。此时切割工件时，根据画好的切割线移动工件来完成切割过程

（图1-45）。（未安装在机架上时应固定工件，移动曲线锯来完成切割过程。）

（5）型材切割机的使用

①电源连接和启动。

将电源插座接在吸尘器的应用插座上，可以用直径27mm的吸尘管插入吸尘接口，也可用直径36mm的吸尘管套在吸尘接口外。

有一个推钮开关来主管工具的开和关，在打开开关前要先按下手柄上的杠杆（用于打开保护装置）。

②设备的操作。

a.调节切割角：挡板的角度调节范围是内角0°~68°、外角0°~60°；将调节垫调到初始角，拧紧螺母；打开两块可旋转挡板的偏心杆；将初始角转到锯子上，使调节垫贴住锯子锯台，将可旋转挡板置于调节垫上；重新合上偏心杆。

图1-45　工件曲线切割

图1-46　一只手按下手柄打开防护罩，启动机器后往下按，另一只手将工件靠在调好的挡板上

b.调节挡板：打开旋钮后将挡板尺沿长度方向调节，使其尽可能贴近锯片。重新拧紧旋钮。

c.切锯工件：操作前请查实两块挡板上的偏心杆和旋钮是否关闭扭紧了。

型材切割机的最大切割高度为70mm，最大切割宽度为70mm。

锯尖角和铝合金（尤其是铝合金剖面）时，存在工件被锯片向后卷入的危险。因此须紧紧固定住工件，并慢慢将锯片组向下摆动。

每次只锯一块工件。如果一次加工几个工件，可能会有工件失控导致锯片卷入的危险。切割工件步骤如图1-46。

将板条贴近挡板，并用一只手将其固定。须将重心在底座平面外的板条固定好，使其不能翻倒。

提示：内角锯削时可将不使用的挡板尺向外推。

按下手柄，这样可以松开锯片组，将踏板防护罩打开到一半，并将开关调到打开状态。

按下开关开启机器，将锯片组向下按至挡板位置即可锯削工件（可以先不启动机器，将锯片往下压，来校对要切割的位置）。

当锯片组向下推时，踏板罩上的滑轮滚过工件，踏板防护罩打开。

将锯片组重新向上推，松开开关关闭机器。

注意！无论什么情况下都不要用手打开踏板防护罩！

（6）电刨的使用

①电源连接和启动。

将电源插座接在吸尘器的应用插座上，直径36mm的吸尘管接在木屑出口上。

有一个推钮开关来主管工具的开和关，此开关装有一个开机连锁机构。要启动，必须先按下开机连锁机构，使用完毕后再按一下推钮开关。

②刨削厚度调节。

如图1-47所示，将连锁机构往回推，将其松开后，通过旋转辅助手柄使刨削厚度在0~3.5mm范围无级调节。设定的刨削深度可从刻度盘窗口中读出。一格刻度对应刨深0.1mm。

可旋转辅助手柄过零刻度点到达P(=停放)位置，此时转动刨刀完全收回。但在使用粗面电刨机头时，不适用这种情况。要确保将机器放下到需刨削的表面时，才打开电刨工作台末端的支撑脚。

如果设定刨削厚度不变，则在刨削厚度调整后，必须重新将连锁机构向前压。

③电刨操作。

待刨表面应无金属物，不能有刨削螺钉及钉子等。

先设定期望刨削厚度。

注意！由于粗面刨刀会自动伸出电刨工作点外1.5mm，使用粗面机头时，刨削厚度设定为0。

电刨配有两个手柄以确保其可精确地沿引导路线运行。将电刨前工作台放在木件上，但机头不接触木料。

启动电刨并轻压辅助手柄以使机器接触木件。

电刨启动时按下前工作台，继续或完成刨削后按下后工作台(工件末端)，这样可获得较好的刨削表面质量。

a.刨槽（图1-48）：电刨可刨削所有深度的槽口。机头保护盖必须折叠起来，先向前推杠杆，然后再向左推。这样可把机头上的保护盖推向机器外壳，从而露出机头的正面。

操作结束，保护盖会自动回到机头上。

图1-47　松开连锁机构后旋转辅助手柄来调节刨削厚度

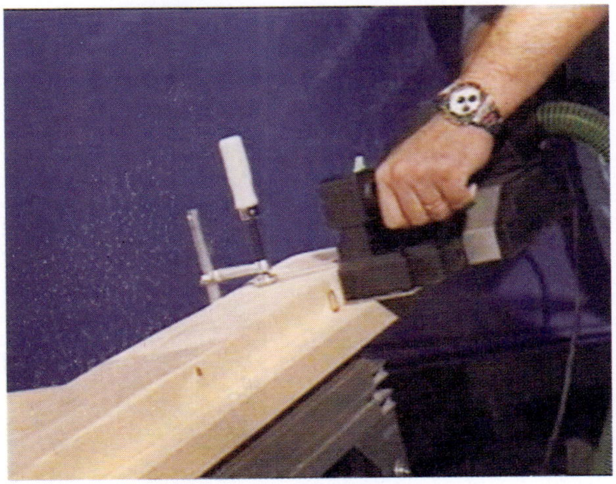

图1-48　电刨机配合刨槽使用

图1-49　钻孔时先标示出位置，选用合适的钻头

b.倒角：电刨前工作台配备一个90°V槽以对工件边缘进行倒角。V槽深2mm，可在刨削厚度设定为0时制成2mm的边缘倒角。

c.带固定台架的操作：电刨可在连接固定台架装置SEHL及转角导板WA-HL时实现带固定台架操作。

（7）电钻的使用

①电钻的启动。

将充电电池组突片放入槽中，向电钻方向推动电池组直到其锁钩到位，按下按钮开机。根据按下按钮所用的不同压力，可实现运行速度的调节。放开按钮为关机。

②扭矩调整。

旋转调节环可使相应的标志与指示箭头对准，从而调节所需的扭矩。不同需求扭矩设置如下：

a.钻孔（图1-49）：调节环上的钻孔标记对准箭头=最大扭矩。

b.拧螺钉：

相关设定的扭矩：

位置1为小扭矩；

位置18为大扭矩。

c.改变旋转方向：开关旁边有一按钮可改变旋转方向。将按钮推向最左边为顺时针旋转，将按钮推向最右边为逆时针旋转。按钮在中间位置为闭锁。

（8）铣机的使用

①电源连接和启动。

将电源插座接在吸尘器的应用插座上，直径36mm的吸尘管接在木屑出口上。

有一个推钮开关主管工具的开和关，可以使用锁定钮来锁定，以使其连续运转。按一下按钮即可以释放锁定。

②调整切削深度。

深度调节分为两个阶段：

a.设定0点。

拧开锁定螺丝以便止动杆能自由移动。

将铣机座放在一个平滑的表面，打开旋柄把手并压下机器直到铣刀深抵在底部基座，拧紧旋柄把手将机器锁定位置。

压下止动杆，压在三个快速调节高度的其中一个按钮上。

任意的高度可通过旋钮调节。

压下指针以便它在刻度盘上显示0mm。

b.设定铣削深度：可以通过快速调节或精调来达到想要的铣削深度。

快速调节：推上止动杆直到显示的高度，拧紧锁定螺丝。

精调：用锁定螺丝拧紧止动杆，通过调节轮设定的切削深度，调节轮精度为0.1mm，每旋转一圈可调节深度1mm，最大调节范围为8mm。

③铣机操作。

a.单手铣削：单手铣削通常应用于铣边和铣线，铣边时铣刀通常带导向环。

b.平行导向铣削：平行导向靠板可以确保沿工件边部平行铣削。

将两个连杆平行放置，夹上旋钮。

将连杆插入底座的沟槽，直至铣机和工件中需要的距离，用旋钮夹紧连杆，这个距离可以由精调装置调节。

旋转塑料导向件中间的调节旋钮。用精调旋钮设定需要的距离。刻度环上的刻度精确到0.1mm。如需较大调节，可用基座上的粗调装置调节。调节完成后重新紧固旋钮。

将两个靠垫调节好，使其与铣刀的间距在5mm左右，以便螺丝安装与拆卸。

c.使用FS导轨铣削。如图1-50。

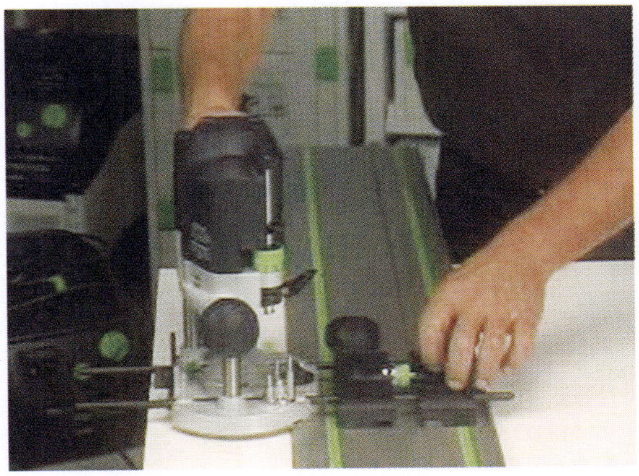

图1-50

导轨可以使铣削直边更加方便。

将铣机连接底座用连接杆连接在导轨上。

将导轨用F夹在工件上，并确保有大约5mm的安全距离。

旋开高度调节支撑，调节高度，以使铣机平面与工件平面平行。当切削定好直线时，在铣机底盘和高度支撑上显示了铣刀的中心线。导轨和铣机的距离可通过精调装置调节。

将精调装置安装在导轨上的铣机和制动器之间。

将精调装置定位盘装在底座上，将螺丝调节到大约一半的位置。

将精调旋钮旋紧，拧开导轨底座旋钮。

调节完成后，旋紧底座旋钮。

注意！在与工件接触前要开动机器，铣机前进铣削的方向要与铣刀旋转的方向相反(反方向铣削)。

（9）砂光机的使用

①电源连接和启动。

将电源插座接在吸尘器的应用插座上，直径27mm的吸尘管接在木屑出口上。

通过一个推钮开关来主管工具的开和关，可以使用锁定钮来锁定以便连续运转。按一下按钮即可以释放锁定。

②砂光机操作。

因为在使用砂光机时会产生危害身体健康的粉尘，使用前请戴上防尘口罩。

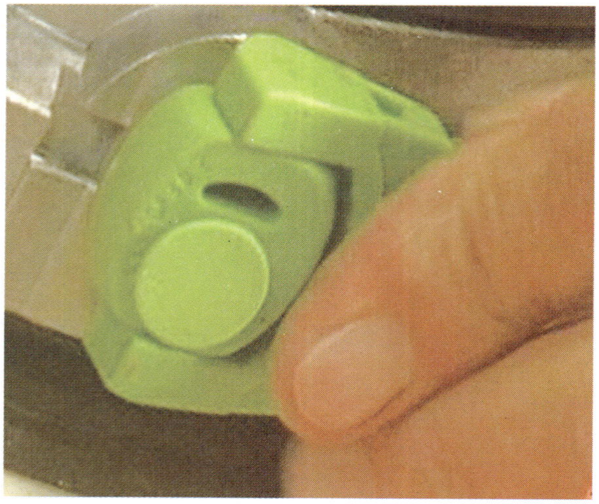

图1-51　摇臂开关，用于改变砂光机的打磨运动方式

启动后将其放在需打磨的工件表面，并用手轻压机器。根据不同的工件表面选择不同的砂纸和砂光转速。

打磨运动：对于不同的工件表面可以选择两种打磨运动形式，以提高工件加工的效率。如图1-51，可使用摇臂开关进行设置。

a.偏心运动：将转换键置于所示位置以选择偏心运动。如果平滑表面需要进行细磨操作，应选择偏心运动方式。

b.旋转与偏心复合运动：当进行粗磨操作时，使用旋转与偏心运动组合，可以高速打磨。此外，此运动模式还可完成所有的抛光操作。

（10）砂带机的使用

①电源连接和启动。

将电源插座接在吸尘器的应用插座上，可以用直径27mm的吸尘管插入吸尘接口。

开关位于机架装置上，绿色按钮为“开”，红色按钮为“关”。

②砂带机操作。

启动后将工件需要打磨的部分靠近砂带并用手将工件轻压在砂带上。此砂带机打磨的速度较快，注意轻压的力度。

注意！在打磨时严禁手碰触砂带。

以上每一个实验应由指导老师先示范，然后学生自己操作并熟练运用。

1.4.3　木工机械安全操作注意事项

①操作木工机械时，应穿戴好工作服与口罩，扎紧袖口，头发较长的同学必须戴好工作帽，头发放入帽内；不许戴手套、围巾等进行操作。

②机械开始工作前必须先试机，各部件运转正常后方能开始工作。

③避免皮肤接触化学制品或胶水，在灰尘多的环境中应使用口罩或防尘面罩。

④木工机械上的轴、链条、皮带轮、皮带及其他运转部分，都应设置防护罩和防护板，手离移动或切割边缘越远越好。

⑤机械运转中如有不正常情况或发生其他故障时，应立即切断电源，停机检查。

⑥调整工具或更换刨刀、锯片时，必须切断总电源。

实践篇

Practice

Practice

2 建筑模型的设计与制作

2.1 实验目的与要求

（1）实验目的

建筑模型的设计与制作是环境艺术设计（尤其是建筑形态或建筑外观设计）中的重要一环，能够增强受众对方案的直观认识，对推动方案的实施起着重要作用。实验目的是使学生了解模型制作在设计中的作用，对各种建模材料能够自如运用，掌握建筑模型的制作方法和步骤，提高他们的动手能力及空间思维能力。

（2）实验要求

①课前准备工作认真、充分；

②了解木工造型的基本操作工艺，遵守各项规范；

③绘制建筑设计草图，反复推敲，选择最佳的设计方案；

④模型制作比例得当，材质运用合理，造型富有感染力。

2.2 建筑模型的设计与制作

（1）绘制建筑模型的工艺图

一般只绘制模型的平面图和各立面图（图2-1），只有内视模型与解构模型须增加内部平、立、剖面图，必要时可绘制透视图、轴测图及彩色效果图以展示出最直观的形体构造表现效果。由于学生多采用全手工的方式制作模型，可尽量考虑用1：50或1：100的比例尺来绘制图纸。教师在这个环节要指导学生认识设计的可操作性，考虑后期制作中材料、器械是否能达到设计者的设计要求。教学过程中，往往会出现学生过于复杂的方案在制作过程中由于不可操作的原因而大打折扣。所以设计方案的优劣和可操作性会直接影响到后期作品效果。

图2-1　绘制工艺图

（2）选材

建筑模型的表现目的也不尽相同，要以创意构思和制作要求为依据，对材料的选择要有所区别。概念性、研究性模型重在表现创意思想与空间关系，一般选用黑、白、灰或某种单一色彩的材料。例如：白色

PVC板、单色聚苯乙烯板、单色厚纸板等，它们质地轻柔，便于加工，能快速变化出更多造型组合。而商业性、展示性模型重在追求实景效果，表现出丰富的肌理、色彩、灯光和配饰，一般选用色彩丰富的成品型材作加工，例如压纹PVC板、有机玻璃板、彩色印刷即时贴纸等，它们效果独特、真实。

高强度的泡沫塑料可以作为模型的底座；各种颜色的厚卡纸经常用于建筑物外墙面的制作，且只需裁纸刀或手术刀片等工具便可进行切割；透明PVC板可直接在内部画上窗框，是窗玻璃的极佳选择；绿色的纸张，托裱平整，均匀地涂满乳胶，把经过筛选后染色晾干的锯末均匀地撒满纸张，晾干后便成为可以随意加工形状的草皮纸；废旧电线中剥离出来的细铜丝制作成为树木枝干的形状，用棕色自喷漆进行喷涂，再将染色的海绵绞碎，在已做好的棕色树干的树冠部分黏上海绵碎屑，一棵形态逼真的树木便完成了，也可以直接用海绵修剪出几何状的小型灌木，花泥也可以切削成各种形状的绿色植物。其他的各种材料可在模型的各个部分中点缀采用。材料的选用和实际制作可以有自由发挥的空间，在教学中教师要加以指导。

（3）转换图纸、切割材料

首先确定制作建筑模型的比例尺寸，然后按比例绘制出制作建筑模型的平面图和立面图。将制作模型的图纸放在已经选好的板材上，在图纸和板材之间通过拷贝的方式实施图形的转印，得到各个面板材的切割线。然后计算好图形在板材上的排列位置后，用双面胶条固定好图纸与板材，这样可以节省材料。

切割模型材料是一项费时费力的枯燥劳动，需要静心、细心、耐心。不同的材料具有不同的质地，切割时一定要区别对待。针对现有的建筑模型材料，切割方法可以分为手工裁切、手工锯切、机械切割、数控切割等四种方式。

①手工裁切。

手工裁切是指使用裁纸刀、刀片等简易刀具对模型材料作切割，通常还会辅助三角尺、模板等定型工具，能切割各种纸材、塑料及薄木片。它是手工制作的主要形式。裁切时要合理选择刀具，针对单薄的纸张和透明胶片一般选用小裁纸刀，操作时能均匀掌握裁切力度；针对硬质纸板、PVC板、PS板等则要选用大裁纸刀，保证切面平顺光滑（图2-2）。

在裁切硬度较高的纸材或塑料时，一定要采用三角尺作为辅助工具。一只手固定尺面于桌面上，手指分散按压在三角形斜边与直角上，形成牢固的三角支点，另一只手持裁纸刀沿着三角尺斜边匀速裁切。刀柄要与台面成45°（图2-2），力度要适中。厚度较大的纸材不宜追求一次成功，可以作多次裁切，注意第一次下刀的位置要准确，形成划痕后才能为第二刀、第三刀提供正

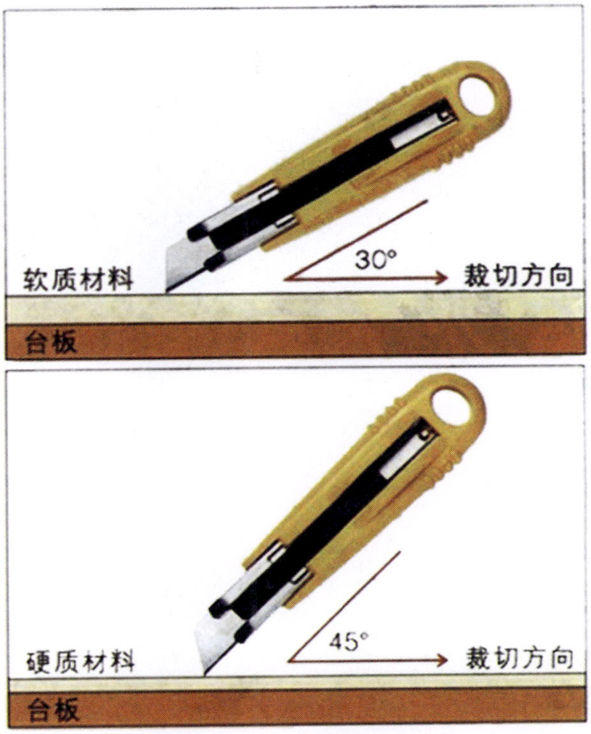

图 2-2　手工裁切示意图

确的施力点。当型材被切割成半断半连状时，不能将其强制撕开，否则容易造成破损。对于非常单薄的纸张不宜对折后从侧边裁切，避免切缝不平整。此外，在裁切彩色印刷纸板时，应该从印刷面下刀，保证外观边缘整齐光洁。

裁切质地轻柔的PS板、KT板时，最好选用大裁纸刀或宽厚的刀片，方便对宽厚的型材均衡施力。操作时仍然要用三角尺作参照，正确固定后要将刀片倾斜于板面30°（图2-2），再做匀速移动，中途不宜停，以防止切面产生顿挫，速度不能过快，否则刀具容易偏移方向。裁切操作要一步到位，一次成型。为了保证型材的切面平顺自然，一次裁切长度不宜超过400mm。如果需要加工500mm以上的PS板或KT板，可以两人协同操作，即一人用双手固定按压丁字尺，另一人持大裁纸刀作裁切；此外，裁切这两种型材需要使用锋利的刀片，在整个切割工序中，可以首先加工这两种型材。

裁切质地轻脆的薄木板时，可以从纹理细腻的装饰面下刀，用力裁切至板材厚度的二分之一时，方可终止，然后即可用手轻松拆开，后使用240#砂纸打磨切面边缘。

无论裁切何种材料，刀具都要保持锋利状态，落刀后施力要均衡，裁切速度要一致。针对一刀无法成功切割的坚韧材料，不能过于心急，反复操作终会解决。手工裁切看似简单，但技法多样，需要反复训练。

②机械切割。

机械切割是指采用电动机械对模型材料作加工。常用机械主要有普通多功能切割机和曲线切割机两种。

普通多功能切割机采用高速运动的锯轮或锯条作切割，能加工木质、塑料、金属等各种型材，切割面非常平滑，工作效率高。材料的推进速度不宜过快；针对硬质塑料或金属材料要注意避免产生粉尘与火花。切割机的锯轮或锯条要根据不同加工型材随时更换，大型锯齿加工木材，中小型锯齿加工金属、塑料甚至纸材。多功能切割机一般只作直线切割，对加工长度没有限定（图2-3、图2-4）。

图2-3　角度切割

图2-4　圆锯切割

（4）制作部件（主体部件、细部部件、地形部件等）

根据建筑的内容不同，建筑体基部的板形制作应考虑使用形式、规格适宜的模型基板。地形部件的处理，主要是对有特点的建筑地形加工出地形的立体等高线等内容。对建筑主体部件的制作，可根据大小和形状选择相应的工具进行加工（图2-5、图2-6）。外形相同的部件或镂空形相同的部件，可将若干块叠在一起进行加工与修整，这样可以很容易地保证板型的整齐划一。

图2-5　主体部件

图2-6　地形部件

在进行细部部件精细加工时，需要有预留地修整加工余量。制作建筑模型时，有许多部位，比如门、窗等是需要镂空工艺处理的，可先在相应的部件上用电钻钻好若干个小孔，然后穿入锯丝，锯出所需的形状（图2-7、图2-8）。

图2-7　钻孔

（5）部件连接成型

模型材料下料完毕，就可以根据设计图纸作构造连接了。建筑模型的连接方式很多，常用的有粘接、钉接、插接和复合连接四种。

①粘接。

粘接是建筑模型制作中最常用的连接方式，根据材料特性选用适当的粘胶剂对形体构造作连接。一般采用透明强力胶对纸材、塑料作粘接；采用白乳胶对木材作粘接；采用硅酮玻璃胶对玻璃或有机玻璃材料作粘接；采用502胶水对金属、皮革、油漆等材料作粘接。透明胶、双面胶、即时贴胶纸等不干胶的粘接性能不佳，易脱落，一般只作纸材粘接的辅助材料，并且只能用于内部夹层中，不宜作为主要粘胶剂使用。

②钉接。

钉接是采用钉子或其他尖锐杆件对模型材料作穿刺连接。这是一种破坏型材内部质地的连接方式。一般只适用于实木、PS块/板、厚纸板等质地均匀的型材。常用的钉接工艺有圆钉钉接、枪钉钉接、螺钉钉接、订书机钉接，此外还可以根据材料特性采用图钉、大头针等尖锐辅材作连接，均能达到满意的效果。钉接虽然操作方便，连接牢固性较好，但会使模型材料表面产生不同程度的凹凸痕迹，而且金属钉的

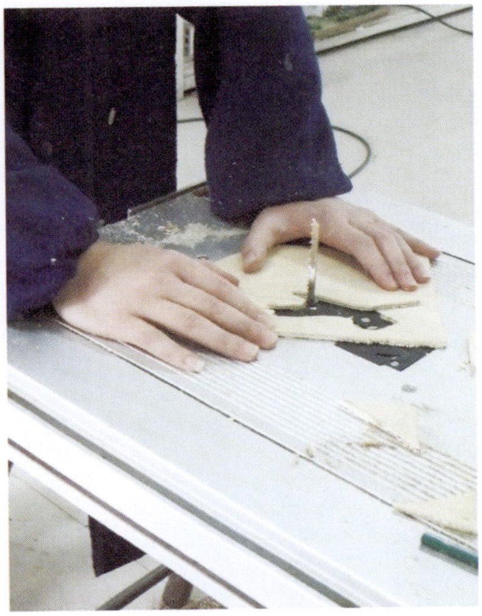

图2-8　线锯切割

裸露部分容易生锈。以枪钉钉接为例，枪钉又称为气排钉，是利用射钉枪与高压气流将钉子射出，对木材产生钉接作用。枪钉的钉接效应良好，提高了工作效率。钉入型材后的钉头会凹陷下去，可以涂抹少许胶水封平，同时也能起到防锈作用。

③插接。

插接是利用材料自身的结构特点相互穿插组合而成的连接形式。它的连接工艺需要预先设计，在型材上切割插口用于连接。由于插口产生后会影响建筑模型的外观效果，因此，插接形式一般只适用于概念模型（图2-9）。插接工艺适用于构造性很强的概念模型。插接形式要做到横平竖直，任何倾斜都会影响最终的表现效果。

④复合连接。

复合连接是同时采取两种或两种以上连接方法对建筑模型构造作拼装固定。在某些条件下，当一种方法不能完全奏效时可以辅助其他方法来加固。例如，木质型材之间一般采用射钉枪钉接，但是接缝处容易产生空隙，在钉接之前可以在连接处涂抹白乳胶，钉接与胶接双管齐下，可加强连接力度（图2-10）。

图2-9

图2-10

（6）配景

配景装饰是指建筑模型中除模型主体以外的其他构件，它们对主体模型起配饰作用，能丰富场景效果，提高模型的观赏价值。配景装饰一般包括底盘、山体、道路、绿化、水体和环境小品等六个方面。

①底盘。

底盘是建筑模型的重要组成部分，对主体模型起支撑作用。底盘的制作要求简洁、美观、轻巧、稳固、方便托运，符合陈列的视觉效果，在具体制作中还要考虑建筑模型的整体风格、制作成本等因素。

图2-11　PS板模型底盘

聚苯乙烯板（PS板）与KT板具有质地轻、韧性好、不变形等优点，是普通纸材模型、塑料模型的最佳底盘材料。如果在建筑模型中需要增加电路设施，电线也能轻松穿插板材中间并向任意方向延伸（图2-11）。

木质底盘一般会保留原始木纹，或在表面钉接薄木装饰板，装饰风格要与建筑模型主体相映衬，板材边缘仍须钉接或粘贴饰边，避免底盘边角开裂。厚重的实木底盘适用于实木、金属材料制作的建筑模型或石膏、泥灰材料制作的地形模型。如果只是承托厚纸板、PVC板和KT板等轻质材料制作的建筑模型，也可以选用木质绘图板(画板)或九厘板，其质地平整，质重较轻，方便搬移，是轻质概念模型的最佳选择。此外，用于底盘制作的材料还有天然石材、玻璃、石膏等，均能起到很好的装饰效果。

无论采用哪种材料，建筑模型的底盘装饰效果都来自于边框，边框装饰是模型底盘档次的体现。在经济条件允许的情况下，可以选用不锈钢方管、铝合金边条、人造石边框，甚至定制装饰性很强的画框，它们的运用会让高档商业展示模型锦上添花。

②山体。

山体在图纸上多以等高线来表现其高低起伏变化。在模型制作中，根据等高线的弯曲、疏密形态可以判断出地表形态的一般状况。

制作等高线地形首先要选择适当的材料，它的厚度可以按比例表示想要得到的坡度阶梯。常用材料有PVC板、密度板、泡沫板、石膏和KT板（图2-12）。木质模型可以搭配使用薄木板，这些板材厚度一般为3~5mm。首先，将图纸拓印在板材上逐块切割下来，先切割位于底部的大板，后切割上层的小板，然后，将所有层板暂时堆叠起来，标上结合线和堆叠序号，防止发生错误。最后，直到它们小到足以使用部分薄板代表山顶或其他小地域时，在每层等高线薄板上，给坡度加上标签，帮助计算海拔高度并且控制场地工作。

木质等高线地形也可以进一步加工成实体地形，即在叠加的木板上涂抹石膏或黏土（图2-13、图2-14），使地形表面显得更柔和、更真实。

③道路。

规划类建筑模型的道路主要是由建筑物路网和绿化构成（图2-15）。路网的表现要求既简单又明了，一般选用灰色。对于主路、辅路和人行道的区分，要统一地放在灰色调中考虑，用色彩的明度变化来划分道路的类别。

图2-12 PVC板山体

图2-13 石膏山体基础

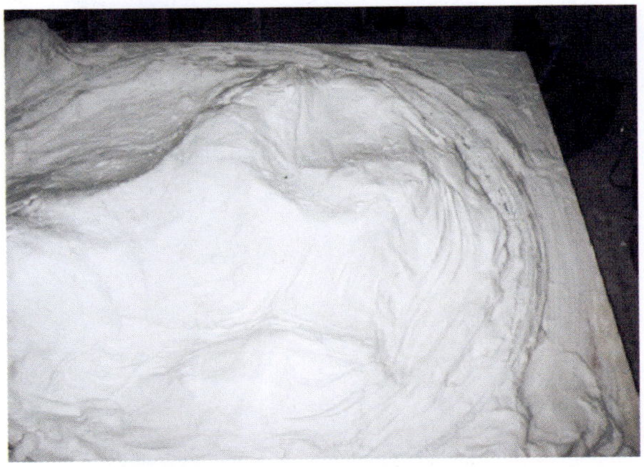

图2-14 石膏坯加工而成的山体

在选用厚纸板做底盘时，可以利用自身色彩表示人行道，用浅灰色即时贴表示机动车道路，白色即时贴表示人行横道和道路标示。辅路色彩一般随主路色彩变化而变化。作为主路、辅路和人行道的高度差，在规划模型中可以忽略不计。局部区域还要压贴绿地，注意接缝要严密。制作道路时一般先不考虑路的转弯半径，而是以笔直铺设为主，转弯处暂时处理成直角。待全部粘贴完毕后，再按图纸的具体要求作弯道处理（图2-16）。

④绿化。

绿化是建筑模型中重要的配景，在整个盘面所占的比例相当大。在选择绿地颜色时，注意选择深绿、土绿或橄榄绿较为适宜。深色调显得比较稳重，而且还可以加强与建筑主体、绿化细部间的对比，但也不排除为了追求一种形式美而选用浅色调的绿地。比如在制作单一色调的概念模型中，可以选用白色、黄褐色来处理大面积绿地，使主体建筑与周边环境相协调。以下介绍草坪与树木的制作（图2-17）。

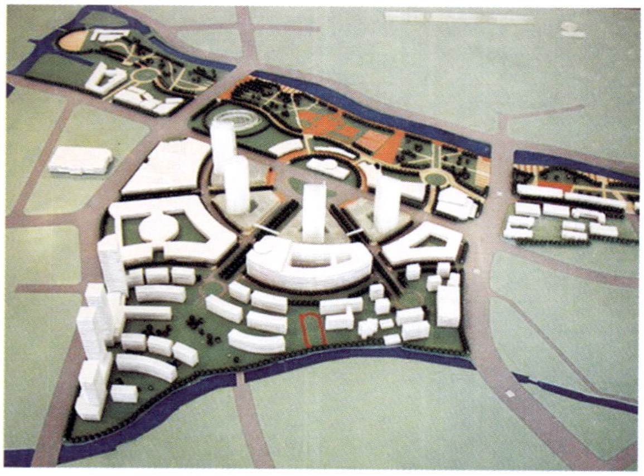

图2-15

图2-16

图2-17　草坪纸、树粉、树模

草坪：目前，绿地草坪的制作材料有尼龙植绒草坪纸、纤维粘胶草绒粉、锯末粉染色等。尼龙植绒草坪纸的做法按模型底盘图纸中所需草坪的形状和尺寸用刀具裁割再用双面胶粘贴到模型底盘上草坪的位置即可。纤维粘胶草绒粉与锯末粉染色制作草坪技法大致相同，都是用白乳胶涂抹在模型需做草坪的位置然后将粉均匀撒在上面，如底盘尺寸较小可一边抖动底盘一边撒草绒粉，再用手轻轻挤压撒上草绒粉的位置，之后将其放置一边干燥，干燥后将多余的粉末清除，对缺陷再稍加修整即可完成草地绿化工序，只是锯末粉还需染色。在选用仿真草皮或纸张制作绿地时，可选用白乳胶、超能胶或自动喷胶进行粘贴（图2-18）。

树木：树木是场景模型绿化的一个重要组成部分。制作建筑模型的树木在造型上是大自然中树的高度概括。普通行道树的制作：按所需比例裁取多股铁丝或多股铜丝，将多股线拧紧，把上部枝杈部位劈开按形状拧好，然后对树干着色，待干燥后把树杈部分粘上胶水撒上草绒粉或专用树粉。用此方法可制作常用灌木、松树、柳树等。也可用海绵、泡沫及专用树模型来制作（图2-19）。

图2-18

图2-19

⑤水体。

水体制作首先要考虑如何将水面与路面的高差表现出来，常用蓝色有机玻璃板或喷漆处理的PVC板按水体形状切割后进行镶嵌（图2-20）。通常采用的方法是，先将底盘上水面部分作镂空处理，然后将透明有机玻璃板或带有纹理的透明塑料板按设计高差贴在镂空处，并用蓝色喷漆在透明板下面喷上色彩。用这种方法表现水面一方面可以区分水面与路面的高差，另一方面透明板在阳光照射和底层蓝色漆面的反衬下，仿真效果比较好（图2-21）。

图2-20　概念水体制作

图2-21　仿真水环境制作

⑥环境小品。

环境小品主要包括围栏、路牌、雕塑、花架、家具、人物、车辆等。这些模型配饰既可根据模型实际需要手工制作，也可购买相关比例的预制成品。由于比例关系及手工制作等因素的制约，很难将其准确地表现出来，可以概括处理（图2-22、图2-23）。

在制作围栏和路牌过程中，最简单的方法是先将电脑绘制的图形按比例打印出来，必要时也可以手绘，粘贴到PVC板或厚纸板上，按轮廓裁下即可成型，一般以PVC杆、小木杆作支撑；在制作雕塑、花架、家具、人物等小品时，材料的选用要视表现对象而定，一般可以采用油泥、黏土、石膏、织物等材料来塑造。这类材料可塑性强，通过堆积、塑型、喷色便可制作出极富表现力和感染力的环境小品。

图2-22　实景环境小品模型

图2-23　简易概念小品模型

3 展示模型的设计与制作

3.1 实验目的与要求

（1）实验目的

展示模型的设计与制作实验是展示设计重要的表现手段与实践环节，目的是通过本实验的学习与实际制作，使学生掌握展示空间模型的形态、结构、材料、色彩、质感的运用和所需的基本工艺知识，能够将二维的设计方案转化成三维的模型实体，培养学生的空间思维能力与造型能力，从而起到辅助设计的作用。本课程主要让学生掌握木材造型的生产技术以及工作流程，包括艺术造型、结构处理、板材加工等工艺，更好地发挥各种材料造型的特性和优势以制作展示模型。

（2）实验要求

①课前准备工作认真、充分；

②了解木工造型的基本操作工艺，遵守各项规范；

③绘制展示设计草图，反复推敲，选择最佳的设计方案；

④模型制作比例得当，材质运用合理，造型富有感染力。

3.2 展示模型的设计与制作

（1）绘制展示模型工艺图

首先确定展示模型的比例、尺寸，然后按比例绘制出展示模型的平面图和立面图（图3-1）。

（2）排料画线

将制作模型的图纸码放在已经选好的板材上，在图纸和板材之间夹一张复印纸，然后用双面胶条固定好图纸与板材的四角，用转印笔描出各个面板材的切割线。需要注意的是图纸在板材上的排料位置要计算好，这样可以节省板料（图3-2）。

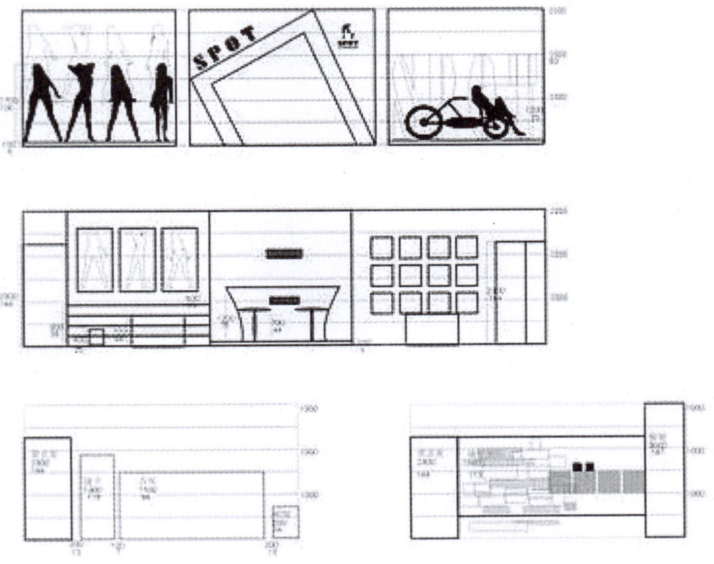

图3-1 展示模型工艺图

（3）加工镂空的部件

制作展示模型时，有许多部位，比如门窗等是需要镂空工艺处理的。可先在相应的部件上用电钻钻好若干个小孔，然后穿入锯丝，锯出所需的形状。锯割时需要留出修整加工的余量。

（4）精细加工部件

将切割好的材料部件夹放在台钳上，根据大小和形状选择相宜的锉刀进行修整。外形相同的部件，或者是镂空花纹相同的部件，可以把若干块夹在一起，同时进行精细的修整加工，这样可以很容易地保证花纹的整齐划一（图3-3）。

（5）部件的装饰

在各个立面黏结前，先将仿镜面幕墙及窗格子处理好，再进行黏结。

（6）成型

将所有的立面修整完毕后，对照图纸精心地黏结成型（图3-4）。

图3-2　排料画线

图3-3　用彩色餐巾纸制作窗帘，橡皮泥制作沙发

图3-4　组合成型

4 木质家具的设计与制作

4.1 实验目的与要求

（1）实验目的

家具的设计制作是环境艺术设计的重要一环，学生应了解并掌握家具结构设计与制造工艺，主要学习了解传统柜式与现代板式家具的结构设计与制造工艺，同时也了解学习软体家具、金属家具、塑料家具、竹藤家具的结构设计与制造工艺，这一部分可以根据各地方不同的家具产业特点有重点地选择学习。同时还要学习现代家具五金配件与连接件结构的设计与应用。随着科学技术的进步、信息时代的来临，现代高新技术正在全面进入现代家具产业，因此学生还要对现代家具的数控加工技术、柔性生产工艺、计算机集成制造系统在家具制造中的应用进行了解和学习，掌握家具的制作方法和步骤，提高学生的动手能力及空间思维能力。

（2）实验要求

熟悉和掌握木制品的基本接合形式，懂得木制品的基本接合原理、技术要求以及各种接合方式，熟悉和掌握木制品的各类基本结构。

4.2 家具的设计与制作

绝大多数木工作品都包含了几种以上的技术。例如，做桌子时必须选木材并加工成四方料，然后画图、裁料、标记、锯凿刨，最后还要黏合、紧固、打磨、喷漆。下面的单元实验将一步一步讲解这些基本技术。我们会分别使用手动工具和电动工具来操作每一项技术，学生可以选择喜欢或擅长的方式。本实验由15个实验小单元组成。

（1）实验单元一：绘制图纸

许多人认为画图是浪费时间，甚至反感事先画图。然而，如果想成为一名技术全面的木工技师，懂得并且可以画出设计图纸将会拥有很大的优势。

步骤分解图：

①木工图通常包括前视、后视和俯视图，画出横竖轴线（图4-1）。

②先画出长宽高，用铅笔加重外形线条，并保证3个视图一致（图4-2）。

③标出具体的尺寸（图4-3）。

④放大某些细节部分也是为方便下一步的工作（图4-4）。

⑤画出三维立体透视图（图4-5）。

⑥画出部件分类表格并标出尺寸和数量（图4-6）。

图4-1

图4-2

图4-3
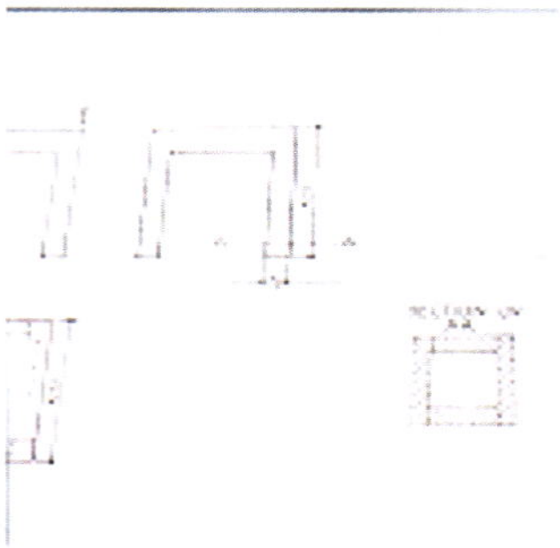
图4-4

图4-5

图4-6

（2）实验单元二：打磨

打磨是很普遍的，它是喷漆之前使木料平整的方法，也是使用手动或电动工具做造型的通用手法。虽然大部分打磨都是用砂纸打磨以便喷漆，但是它不仅仅局限于这一功能。实例证明其他的方法不能像打磨一样出色地完成设计者的想法。例如，用凿子或刨会破坏木材的纹路，锯只能粗切成型，而打磨是最好的选择。打磨是由众多的打磨材料如砂纸提供的锋利小齿来实现对木纤维的塑性。同样地，锉刀和一些专用工具也可以做到这点。有时手动或电动工具也是可以应用的，而且后者要省力高效。

砂纸是打磨的主要工具。打磨颗粒是附着在纸或布带上，打磨颗粒的尺寸用“目”来表示。

步骤分解图：

①砂纸打磨。

a.用钢尺撕下一片砂纸。随手撕会浪费或者不整齐（图4-7）。

b.将砂纸围绕在事先做好的木块上做成打磨块，作为打磨时的手持工具（图4-8）。

c.用台钳将工件夹住，像锉刀一样使用打磨块。最好用双手，一次研磨整个工件。当砂纸开始掉砂并且塞满了木屑时（特别是有油脂的木材）再另外换一片（图4-9）。

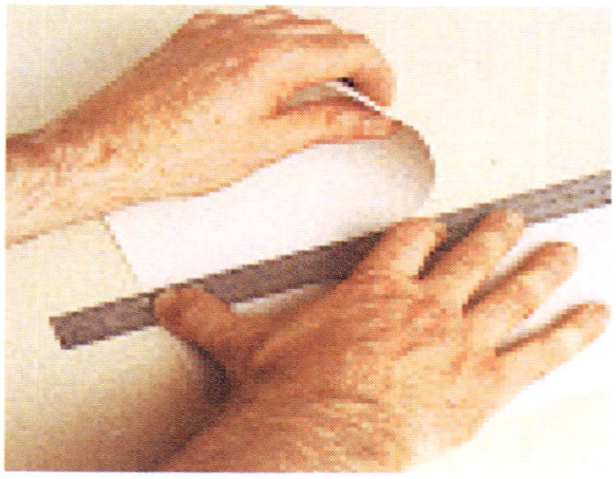
图4-7
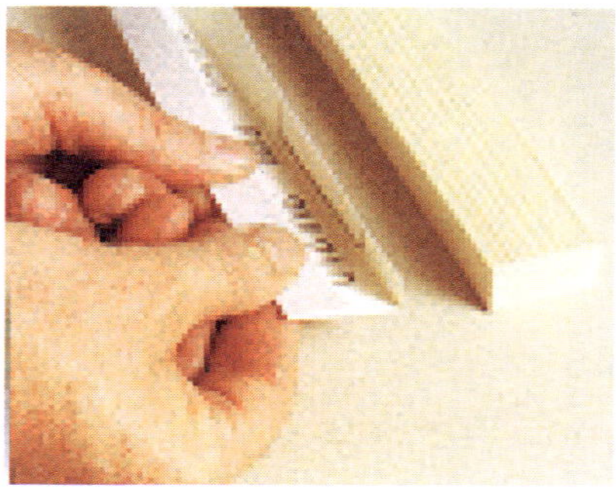
图4-8

图4-9

d.可以非常容易地更换不同形状的垫块，特别是磨曲面或角度时。比如，用砂纸包上一段塑料管子便可以用来磨圆弧，可以在手指的帮助下像用锉刀一样使用这种工具（图4-10）。

e.这种方法可以运用得很灵活，一手持工件一手打磨（图4-11）。

f.也可以像用“搓澡巾”一样使用很薄的一片砂纸来精确打磨曲线（图4-12）。

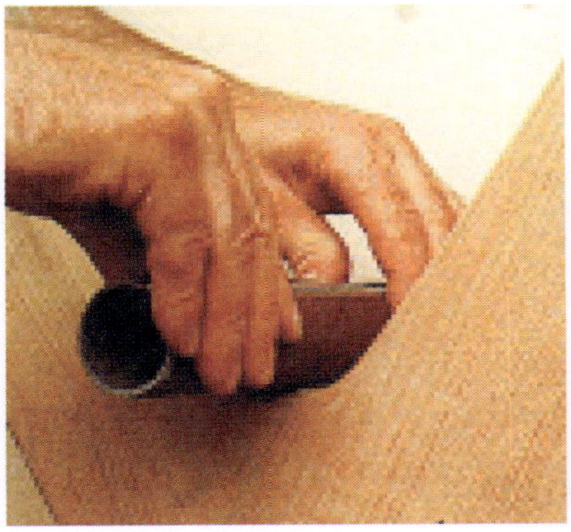
图4-10

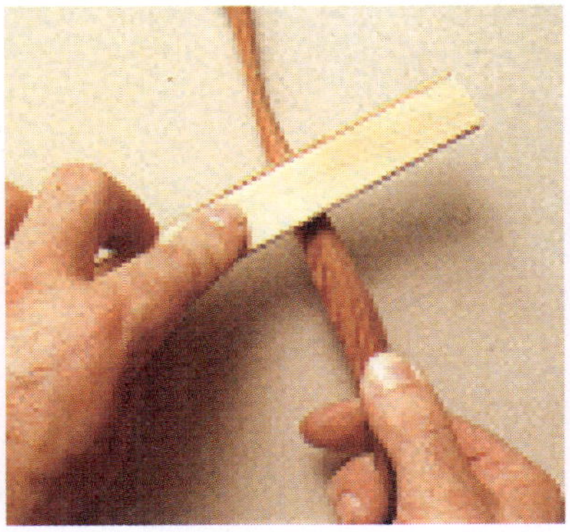
图4-11

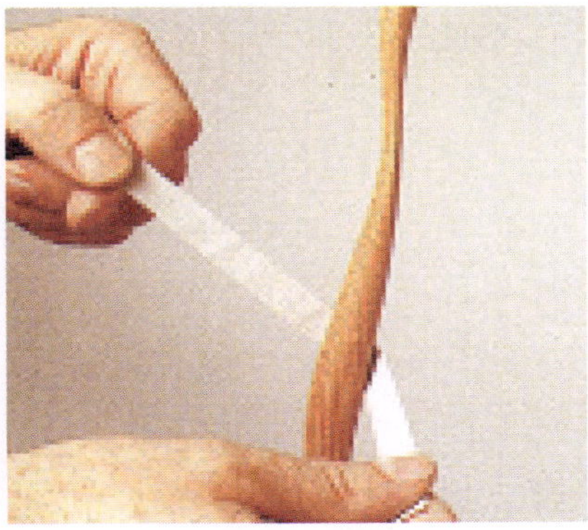
图4-12

②使用手磨块。

a.软木磨块通常用来磨平面。把工件夹好或者放在工作台上，双手操作可以获得更大的控制力。宜使用120～180目的砂纸（图4-13）。

b.沿着一个方向磨，否则会出现打磨痕迹（图4-14）。

c.通常工件都不会有锋利的边缘。最后的打磨程序是用400目的砂纸磨圆边缘（图4-15）。

图4-13

图4-14

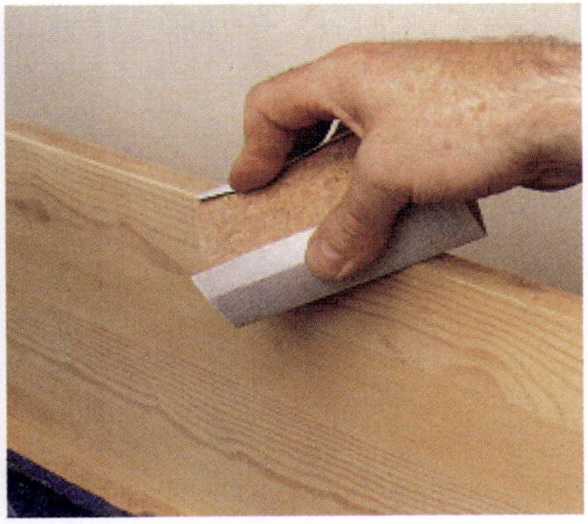
图4-15

③用电动工具打磨。

a.窄砂带机可以迅速将工件加工到所要求的形状（图4-16）。

b.碟砂盘与手钻组合成碟砂机，可以进行精确的角度或弧度打磨成型。沙盘的旋转方向应该是向下压工件而不是使它弹起（图4-17）。

c.也可以配合倾斜的台面和推板来加工斜面（图4-18）。

d.通常平板砂纸机用于大面积的砂光。一片市售的砂纸可以分成3张大小，供砂纸机使用。使用时靠砂纸机自身的重量来工作，不用另外施加力量（图4-19）。

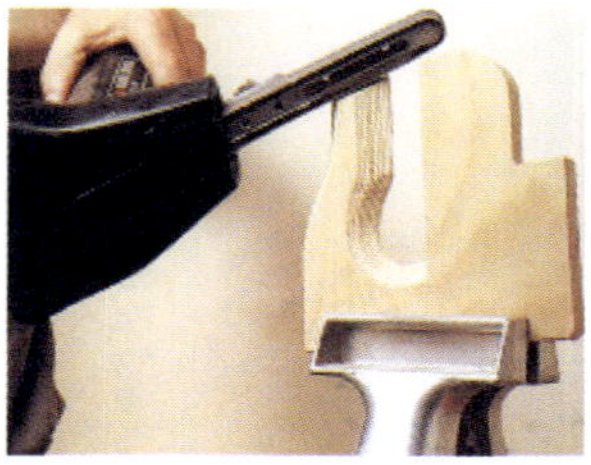
图4-16

图4-17

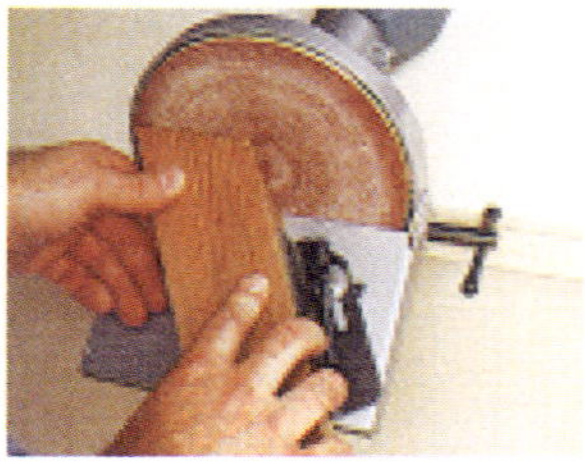
图4-18

图4-19

(3)实验单元三：木材的弯曲

可弯曲是木材的一个自然特性，当然木材的弯曲性有强弱。比如榉木、杉木就比桃木、柚木更容易弯曲。这一实验环节将会介绍几种弯曲木头的方法。

薄的木头比厚的更容易弯曲，湿的和热的木头也更有柔韧性。主要的木材弯曲技术有：蒸汽弯曲法、层压弯曲法和锯口弯曲法（这种方法的强度最差，因为大部分的木材被几乎锯断了）等。用家用微波炉也可以弯曲木头，但是由于尺寸的限制，这种方法在模型的制作和镶嵌工艺中应用不多。

①锯口弯曲法。

锯口弯曲法是强度最弱的一种方法。因为这种方法会把大部分木材都切断，只有很少的部分连接着，因此强度很弱，只可以应用到一些没有负载的结构中，例如方形基座的弧形装饰。

锯口弯曲法可以用手锯或带停止装置的带锯来实现。不过，最快且有效的方式是用摇臂锯。

步骤分解图：

a.将制好的木条靠在摇臂锯的靠尺上，按照定好的尺寸在摇臂锯的靠尺上画好标记，例如每10mm一个锯口（图4-20）。

b.调整好摇臂锯的锯片高度，拉摇臂使之切割出连续的锯口。每次按照之前画好的线移动木条。调节切割深度可以调整弯曲度（图4-21）。

c.用胶和木工夹把两片锯口木条粘在一起弯曲成型（图4-22）。虽然强度有限，但在部分应用中还是很方便的。

图4-20

图4-21

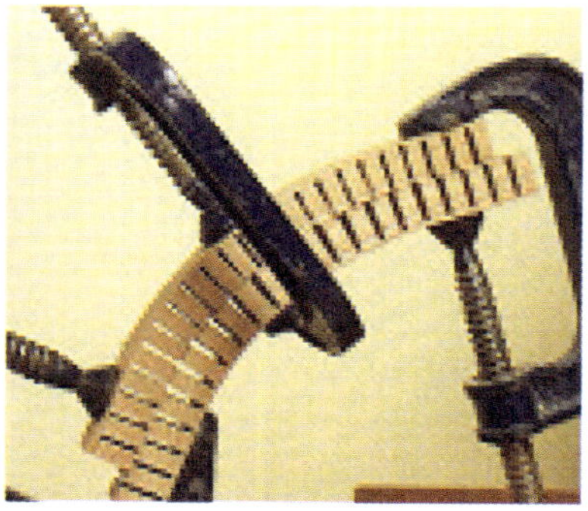
图4-22

②层压弯曲法。

顾名思义，层压法是把多条薄木条或层压板材（每条的厚度不超过3mm厚）粘在一起，放在曲线夹具中成型的一种方式。这种模具通常由阴阳两部分组成。在做弯曲的板条时常用到这个方法。用合成的胶水可以达到很高的黏合强度。一定要在24小时后松开，这样才能使强度达到最强。

这种方法在使用机器黏合的情况下可以批量生产。高精度的不锈钢液压动力模具以及微波黏合技术也是批量生产的必备工具。低成本的小量制作可以用数片薄的木片黏合在一起并用胶合板制成阴阳模具压制。然而，层压法与锯口法相比，锯口法的优势在于可以制成厚的弯曲形状，但它会浪费很多木材。

步骤分解图：

a.制作一组阴阳模具，使之可以容纳全部的木条厚度。就是说阴阳模具要使用不同半径的弧度，其中一些厚度为不超过3mm的榆木或榉木条，用合成胶涂刷在木条的黏合面。用带子或快速F形夹将木条夹持在模具中（图4-23）。

b.再用G形夹将模具夹紧。图4-24中示范了一个简单的半圆弧，当然其他形状也可以用此方法制作。这是层压法的基本步骤。它有非常好的强度。把一个塑料袋垫在工件上可以防止工件与模具黏在一起。最后用刨子刨光工件四周不平之处。

③饰面板弯曲。

步骤分解图：

a.同样地，用饰面板也可以制作弯曲的造型（图4-25）。

b.夹持24小时后可以达到很高的强度（图4-26）。

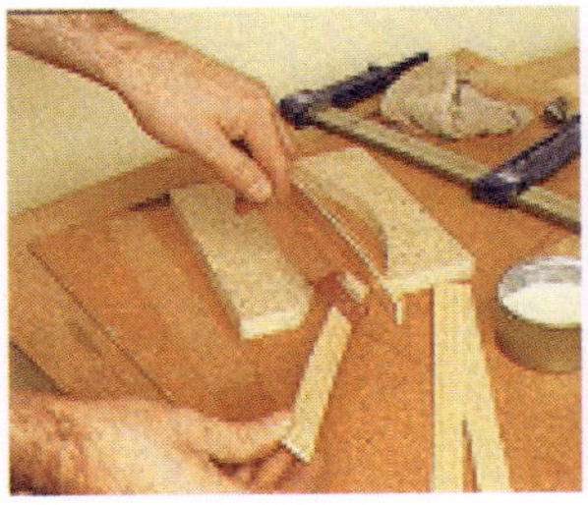

图4-23

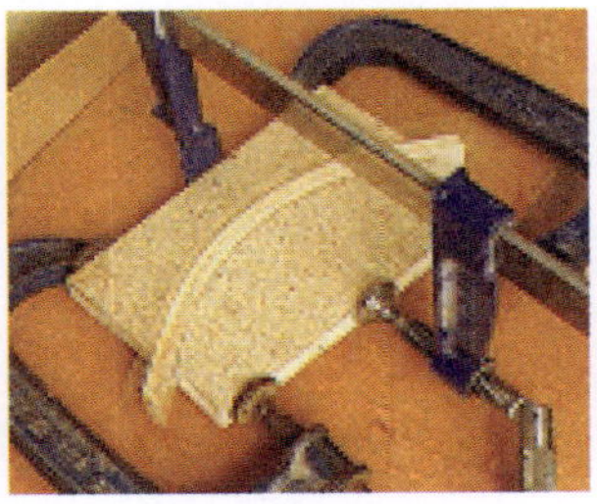

图4-24

图4-25

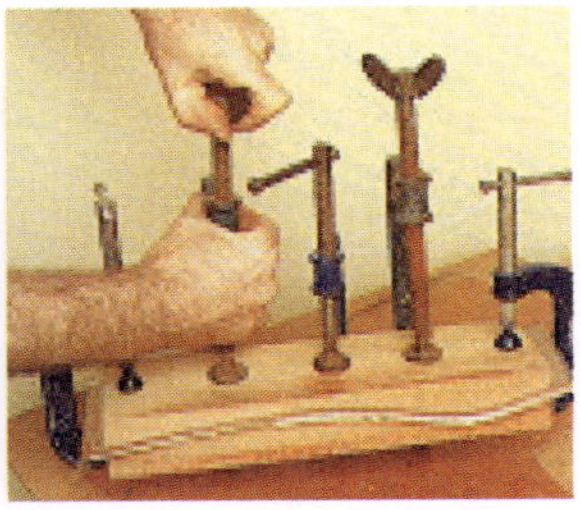

图4-26

④蒸汽弯曲法。

蒸汽法是把要弯曲的木料放在一个有连续蒸汽供应的密封容器中，使蒸汽充分渗透木材后取出，然后夹紧在准备好的模具中成型。这种方法不是每次都会成功，有时木料干燥后会变成奇怪的形状，甚至干脆断裂。这种方法适合木料厚度大于35mm时使用；使用弯板机时甚至可以弯曲50mm厚的木料，可用来制作椅子的靠背和摇椅的腿。尽管这样，还是会有部分木料变形或者断裂。蒸汽法因为廉价和适应性强的优点而适合小型作坊使用。

步骤分解图：

a.用胶合板制作一个模具，大芯板或密度板容易制作也可以做得很厚。可以在模具上开个大洞来容纳G形夹，用一个薄钢片夹住木料，用螺丝固定在手柄上（图4-27）。

b.可以用高压锅产生气源。用胶合板制成的盒子或一段水管做蒸汽罐，一头用木塞堵上，一头进气和木料。保持蒸汽罐的温度是很重要的。这里我们用岩棉和家用铝箔纸制作保温壳（图4-28）。

c.蒸汽罐的尾部应该略矮于头部，这样有利于水分从底部排出（图4-29）。

d.每一根25mm厚的木料需要45分钟时间才能充分加热（图4-30）。

e.从蒸汽罐中取出工件后迅速加上钢片夹紧在模具上。钢片的作用是防止木料裂开（图4-31）。

f.用G形夹夹紧工件，放置数天使其充分干燥成型（图4-32）。

图4-27

图4-28

图4-29

图4-30

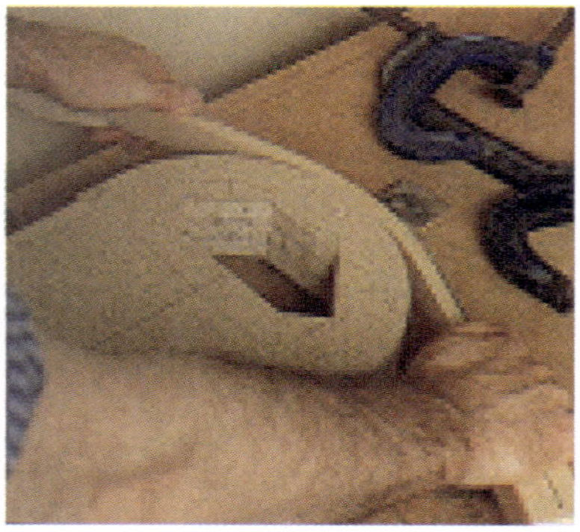

图4-31

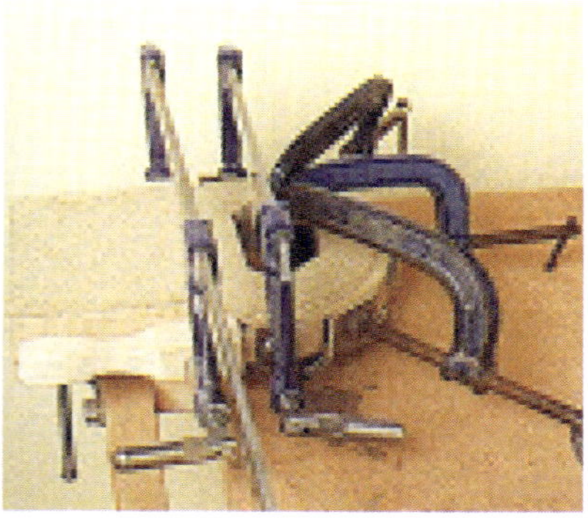

图4-32

（4）实验单元四：饼干榫

饼干榫连接是一种现代的木板连接方式，它可以替代很多传统的榫接方式，是一种快速且简单的连接方式，适用于框架结构的实木或人造板材。饼干榫定位准确，使用方便，强度高，近年来被国内逐渐接受。

饼干榫接是一种现代榫接技术，可以应用于很多领域。如L形、T形、拼板连接（图4-33）。饼干榫机也可以用来开槽。当使用厚板时，可以采用双饼干榫来加强连接强度（图4-34）。

图4-33

图4-34

可以利用调节切削深度来使用不同型号的饼干榫，饼干榫有0＃，10＃，20＃。最常用的是20＃，也是尺寸最大的。榫片由压缩的榉木制成，在涂抹胶水后会膨胀并充满榫槽，使之牢固连接。饼干榫并不比传统的燕尾榫、方榫或凸榫榫接结实，但它是制作小型箱子、厨房用品、拼接成大张板材时常用的方法，因为它黏结好后很容易做到横平竖直。

步骤分解图：

①准备好要榫接的板材，确保连接面的平直。可以手工刨或者用台锯精确切割（图4-35）。

②标出要打榫的位置，两块板对起来一起标注好。对于T形连接还需要将板材的厚度标在下面的板上以保证位置准确（图4-36）。

③把工件夹牢，调节好榫的深度。调整好挡板使榫槽正好在板子的中间位置。把画好的线与榫机上

的红色标记对齐，开机后向工件方向小心地压下机器，稳健地退回铣头以避免损坏榫边（图4-37）。

④把挡板靠在L形结构的另一块板上，仔细开出相对应的榫槽。谨慎操作可以保证精度（图4-38）。

⑤做T形榫接时要拿掉挡板（图4-39）。

⑥用G形夹把另一块板子夹在画线的位置上作为挡板也是很好的定位方法（图4-40）。

图4-35

图4-36

图4-37

图4-38

图4-39

图4-40

45°角饼干榫连接步骤分解图：

①使用专用挡板切好刀口（图4-41）。

②另一工件上用另一种挡板切好刀口（图4-42）。

③用一块薄木片把胶均匀涂抹进榫槽中。注意，大芯板吸收胶水的速度很快，一定要加快动作。用木榔头或胶榔头把木材安装到位，用F形夹或其他方法夹紧放置直到胶水凝固干透（图4-43）。

图4-41

图4-42

图4-43

（5）实验单元五：直接连接和半包式连接

直接连接是最简单的榫接方式（可以称为榫接）。它是两块方的木板边缘直接连接而成，因此需要胶粘、钉子或者螺丝来加固。用胶水就可以把两块木板粘住，但这样很不结实，因此应尽量避免只用胶粘（图4-44）。同时，随着时间的推移和木材的变形，这样的榫接会失去作用。最好的榫接方式是燕尾榫。

包围式榫接是直接连接的改良。其中一块板上会开出一个半槽来容纳另一块板子。这样会产生更好的机械性和更长的黏合面（图4-45）。除了黏合外，它同样需要螺丝或钉子来加固。这些简单的榫接在制作受力小的框架或盒子时经常使用，例如顶盖。然而，虽然看起来简单但制作起来却并不容易。因为它包含了手工制作中最难的一项技术——木材的四方成型（精确保证90°）。这时，使用电动工具就会简单得多，例如台锯、摇臂锯或者带锯，然后用砂带机抛光锯口。

图4-44

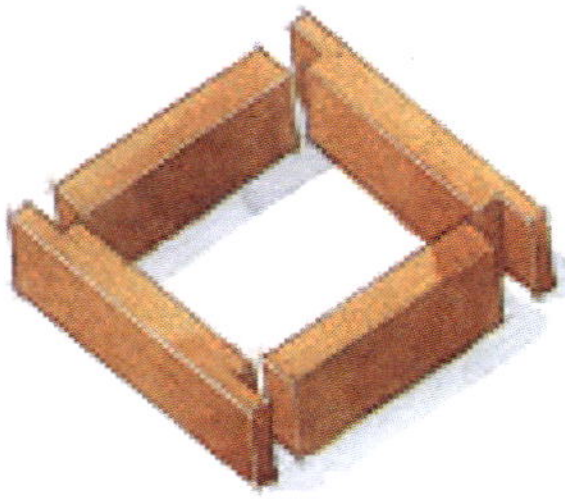

图4-45

用手动工具制作包围榫步骤分解图：

①首先要把两块木板都加工成型。这是练习用手刨将板材边缘刨光并保证工件的四方性的很好机会。首先画好线作为参考并用角尺测量是否平直（图4-46）。

②用划规靠着板材的厚度边，在板面上按照另一块板的厚度标出位置线。一般我们保留1/3 的板子厚度作为另一块板子的“挡板”（图4-47）。

③用铅笔把要锯掉的部分画上阴影标出。把工件夹好，用榫锯锯掉不要的部分。记住，总是靠着不要的那边下锯（图4-48）。

④把工件小角度夹持在木工钳上，用锯或者用凿子把不要的部分去除（图4-49）。

⑤安装包围式榫接成所设计的样式，涂上胶，用木工夹、钉子或者胶带把其固定在一起待胶水凝固（图4-50）。

图4-46

图4-47

图4-48

用电动工具开榫步骤分解图：

①电动工具是制作包围榫最方便、快捷的工具，只要标好榫的宽度和深度后用摇臂锯做几次推拉锯就可以了（图4-51）。

②另一种方法是使用有靠尺的雕刻机，或者使用雕刻机反装的雕刻机桌（图4-52）。

图4-49

图4-50

图4-51

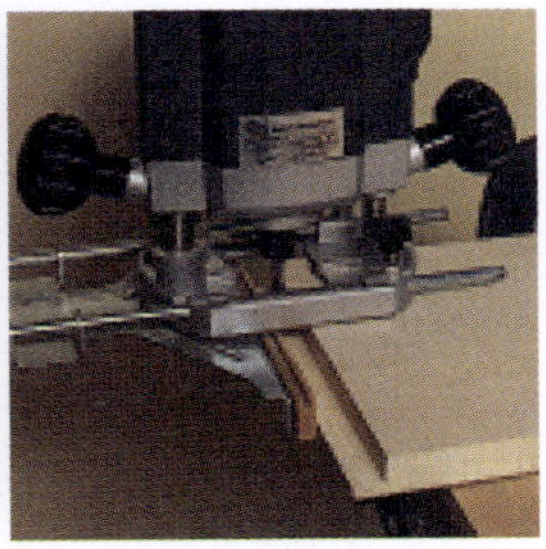

图4-52

（6）实验单元六：扁凿

锯和凿都是木工活的基本技术。它是基本的手工技巧，需要多练习才可以掌握。手凿刀用来切削、修整和成型，通常用来去掉不需要的部分。电动凿（方孔榫眼机）通常有一些特定的用途，比如开榫眼，或者是电钻上的附件用来切削缝隙或槽。扁凿结合了钻和方形边缘凿刀的功能，靠重压来切削木头，通常用来开榫眼。

手工凿孔步骤分解图：

①凿子与锤子同时使用，可以方便地切断木头纤维。原则是当凿方孔或榫眼时先垂直纹路切断木头的纤维以避免劈开木料（图4-53）。

②然后在不凿劈木料的情况下一点一点凿掉不要的部分（图4-54）。

③双手都放在凿刀刀刃后部，一手使劲推，一手把好方向。控制方向的手至关重要，食指把住凿刀边缘，拇指轻按靠近刀刃，一下一下地凿（图4-55）。

④经验告诉我们窄的凿刀比宽的凿刀容易控制，但每次切削的量小。凿刀的宽从3mm到38mm不等，而斜侧边的宽度为9~12mm的凿刀最常用（图4-56）。

图4-53

图4-54

图4-55

图4-56

⑤凿刀沿着木纹的方向切削的方法是：双手持凿，拿紧；刀刃插入木头一点，沿着木纹路每次薄薄地切削（图4-57）。

⑥沿着木纹方向也可以像匕首一样使用凿刀。当然要先用锯把木纹纤维锯断再凿（图4-58）。

⑦可以根据情况来夹持工件以方便工作。当然，事先必须画好要去掉的部分（图4-59）。

⑧利用凿刀还可以通过凿很多连续的小平面来实现圆弧形状（图4-60）。

电动榫凿机凿孔步骤分解图：

①只要事先花时间调好榫眼机并夹持好工件，用榫眼机开榫是相当方便的（图4-61）。

②连续的方孔就形成了任意尺寸的榫眼。电钻负责打眼，方形凿刀被压入切削木料成方形（图4-62）。

图4-57

图4-58

图4-59

图4-60

图4-61

图4-62

（7）实验单元七：夹持

木工作业中工件的稳固夹持是至关重要的。如果工件本身都没有夹稳，工作效率和安全性都会降低。例如，不管手锯得如何平稳，木头不稳也会导致锯片来回跳动影响效率。很多时候仅靠双手是不行的，我们还需要额外的夹持工具，也可以自己发现适合的夹持方法。

各类方法分解图：

①木工工作台是最基本的夹持工件设备。通常我们都会有至少一个木质或金属的大概150mm 宽的台钳来夹持工件。金属台钳应该在夹口之间垫一块硬木，用来保护工件的表面。一个简单的规则是尽量将工件夹持得低一些来保证工件在锯或者刨时不会摇动或震动（图4-63）。

②台钳有多种夹持方法，利用工作台面作为额外的支撑是常用的方法。在刨弧线时，可以通过调整工件的夹持方位来慢慢刨出需要的形状（图4-64）。

③1～2个F形夹或G形夹就可以牢固地固定工件，同时要使用垫木保护工件（图4-65）。

④F形夹在黏合时也会经常用来保持工件的黏合面紧固（图4-66）。

⑤用F形夹或G形夹夹持一块薄的胶合板在工作台边缘也可以起到刨削工作时的稳固作用（图4-67）。

图4-63

图4-64

图4-65

(8)实验单元八：燕尾榫连接

图4-66

图4-67

传统的燕尾榫是用来实现抽屉前挡板的连接，拉抽屉的动作可以用榫接来楔住不至于松脱，而且是越拉越紧。燕尾榫之所以有如此大的吸引力，不仅因为上述原因，还因为它也是对木工技术的一项挑战。通常它是传统手工技术中最后被攻克的堡垒。目前也可以用机器（开榫辅助模板+雕刻机）来制作它。现在有各种形式的燕尾榫，明榫、暗榫、半榫等等。所有的榫型都具备同样的楔接结构以提供机械强度。因此我们在这里用普通榫来阐述其制作方法。

手工制作普通燕尾榫步骤分解图：

①画出榫的位置。

a.制作好木方后，在木方四周相应位置按照另一块木方的厚度加1mm标出榫的深度（图4-68）。

b.在其中一块木方上用燕尾榫模板标出每个榫的位置。把不要的部分画上斜线。榫的斜角部分通常是1：7的角度，也可以用角度尺画线（图4-69）。

c.用直角尺把两边的榫肩线连接起来。不要的部分画上斜线。（图4-70）。

图4-68

图4-69

图4-70

②锯榫。

a.用角尺和画线刀标出榫肩的深度（图4-71）。

b.把工件夹紧在木工台上以便可以在锯掉的部分开始下锯。直榫锯是专用的工具，它给我们带来完美的作品（图4-72）。

c.按着画好的线用直榫锯把不要的部分去掉（图4-73）。

d.用线锯锯掉标记不要的部分。注意，榫肩（深度）要留3mm待最后用凿子凿掉（图4-74）。

图4-71

图4-72

图4-73

图4-74

③凿榫。

a.用斜边扁凿和木锤把榫肩的底边多余部分凿掉。注意，只凿掉工件厚度的一半，然后翻过来再凿（图4-75）。

b.夹回工件，用小凿子最后清理榫肩部位（图4-76）。

④在另一块板上做好标记。

a.夹好另一块板，放平做好的板，在上面用尖的铅笔做好标记，用斜线标出不要的部分（图4-77）。

b.用直角尺画出面板上的延长直线，用斜线标出不要的部分（图4-78）。

⑤锯切对应的部分。

a.按照榫肩的边际再去掉部分，小心地用榫锯下锯（图4-79）。

b.用线锯沿着榫底3mm处锯断。注意不要锯到相邻的榫柱（图4-80）。

⑥凿削对应部分。

a.用刻刀清晰地标出要凿切的位置（图4-81）。

b.小心地用凿子退着凿到刻刀处。尽量保证凿的是直线。锋利的凿刀会带来好的效果(图4-82)。

图4-75

图4-76

图4-77

图4-78

图4-79

图4-80

c.把工件垂直地夹在木工台上，这样可以水平地把榫肩加工好。注意不要凿到榫台有用的部分(图4-83)。

d.用细凿清理榫肩里面，以保障安装榫扣时顺畅（图4-84）。

图4-81

图4-82

图4-83

图4-84

⑦安装黏合。

a.用一块木头废料垫着管夹夹紧涂好胶的工件。这样有利于保护榫接和均匀分配压力。测量对角线以检查是否为矩形（图4-85）。

b.如果安装后不紧也不松的话，拆下榫扣，涂抹胶水再黏合（图4-86）。

c.黏合好后用刨子向里刨以平整榫接部分，注意不要伤害到榫头（图4-87）。

图4-85

图4-86

图4-87

用开榫辅助模板制作普通燕尾榫步骤分解图：

①燕尾榫模具有多种类型。图4-88所示为多功能型。在使用前务必仔细阅读使用方法。

②调整好模具以设定榫的深度和位置（图4-89）。

③调整好燕尾榫模板，装好合适的凿刀和轴套（衬套）。按照另一块木料的厚度标记好榫肩的深度，按照此深度设定好雕刻机（图4-90）。

④小心地使用雕刻机去掉不要的部分。最好事先练习一下如何操作雕刻机开榫以免损坏工件（图4-91）。

（9）实验单元九：圆木棒插榫

圆木棒插榫是非常简单快捷的一种榫接方式，因为它是用成品的小圆木棒插入两个工件起到连接作用。它用很少的工具就可以达到较高的强度和工艺水平。而且它可以做到各种形式的连接，如L形、

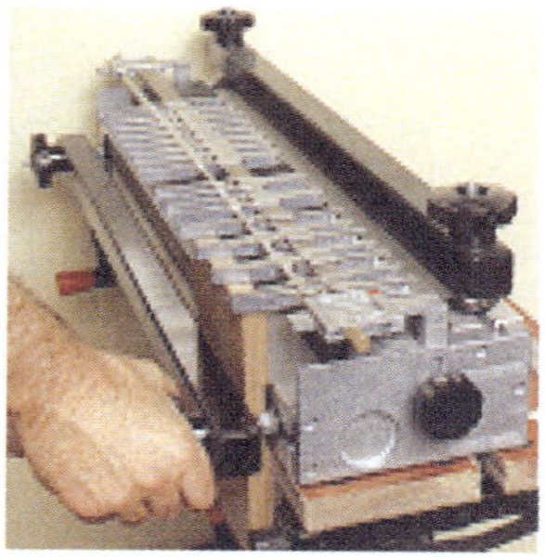

图4-88

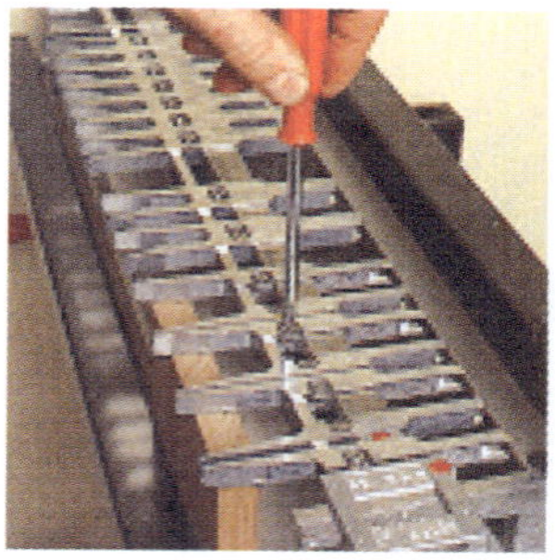

图4-89

图4-90

图4-91

T形、X形等。它通常可以取代燕尾榫和直榫。为了确保达到直榫的强度要求，通常用几个圆木榫来连接一个接合面。

圆木棒插榫两头是带斜度的，头部中间有类似膛线的花纹以容纳胶水来黏合木料。通常圆木榫由结实的木材制成，有四种常用的直径：Φ6、Φ7、Φ8、Φ10mm。

用圆榫顶尖来制作圆榫连接步骤分解图：

①准备好工件，夹紧。用线标出工件端面的中心线（图4-92）。

②根据榫的直径选择顶尖和钻头。站在与工件一条直线的位置上以确保钻出的是垂直的孔。用钻头深度卡榫限制钻孔的深度（图4-93）。

③使用三尖的木工钻头可以准确地在确定位置钻孔。扁钻不适合做榫孔，因为它的刃口太大不适合狭窄的位置（图4-94）。

图4-92

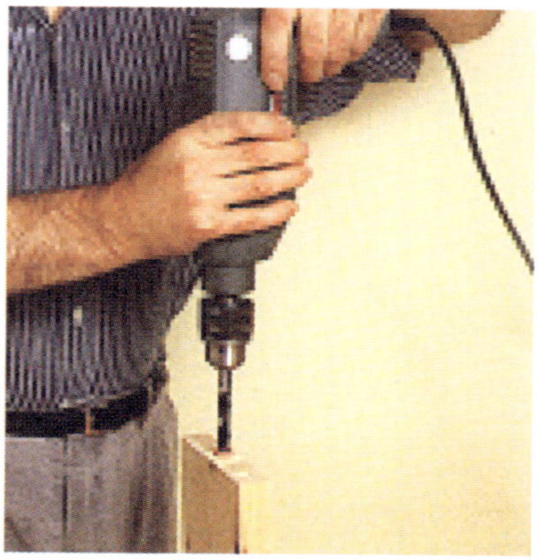

图4-93

图4-94

④放好相应直径的顶尖（图4-95）。

⑤用顶尖的尖头在另一块板上标出准确的钻孔位置（图4-96）。

⑥钻出相应的孔来。注意保持垂直，慢慢地钻。然后涂胶，插好榫棒，用夹具夹紧直到胶水干透（图4-97）。

定位方法步骤分解图：

①一个简单的方法是用剪断头部的钉子来代替顶尖确定孔的中心位置（图4-98）。

②另一种是利用圆榫专用夹具，计算并标记好打孔的位置。记住，木工的要求是：锯一次量两次（图4-99）。

③使用适当直径带深度阻块的钻头，小心地通过夹具上的孔在板子端面钻孔（图4-100）。

图4-95

图4-96

图4-97

图4-98

图4-99

图4-100

④插入另一片板子，调整夹具到适当的位置（图4-101）。

⑤钻出所有的孔。有必要就调整夹具的位置（图4-102）。

⑥圆木榫应该安装非常顺畅合适（图4-103）。

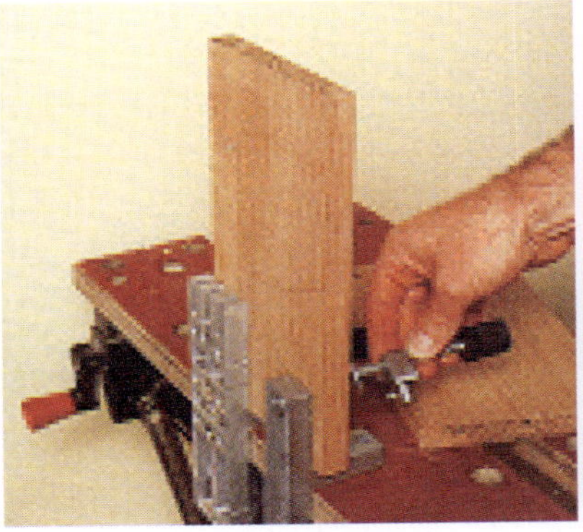
图4-101

图4-102

图4-103

（10）实验单元十：钻孔

精确的钻孔技术是木工技术中首先要学习的。现代技术已经使它很容易完成了。传统的钻头是麻花钻头，钻出的木屑可以被钻头带出洞外。洞也可以被扁钻的刮削作用制作出来，它是特别为电动工具设计的。有孔锯、飞机钻、开孔器等电动工具。

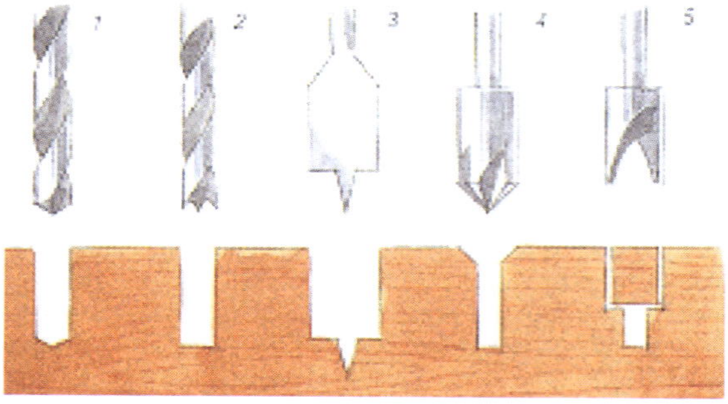

图4-104

不同类型的钻头钻孔（图4-104）：

①麻花钻用来做普通钻孔用。

②三尖钻可以精确定位。

③扁钻可以开很大的孔。

④扩孔器用来制作容纳螺丝头的沉孔，或者直接使用沉头钻一次完成作业。

⑤木塞钻可以制作短的木塞，用来填平螺丝孔的空洞。

使用手电钻步骤分解图：

①选择插入适当的钻头（图4-105）。

②用十字线标出钻孔的位置。最好使用可以精确定位的钻头，例如扁钻或者三尖钻头（图4-106）。

③一手环绕握紧钻机主体，保持钻机垂直于工件，一手打开开关（图4-107）。

④当孔钻通时应注意，在钻尖钻出另一面时应停止，翻过工件从另一面再钻以避免劈开木材或者避免其他损坏（图4-108）。

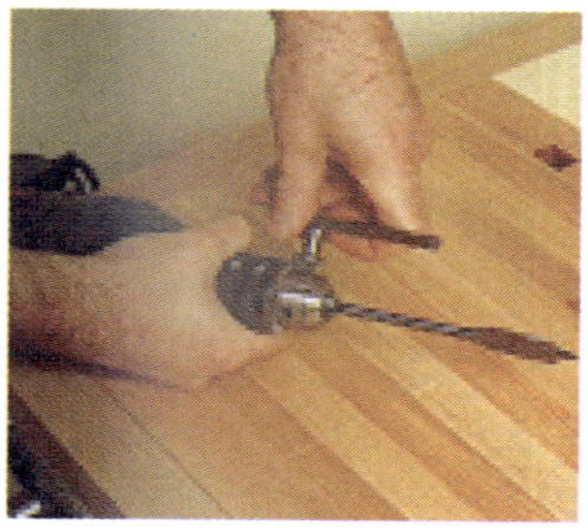
图4-105

图4-106

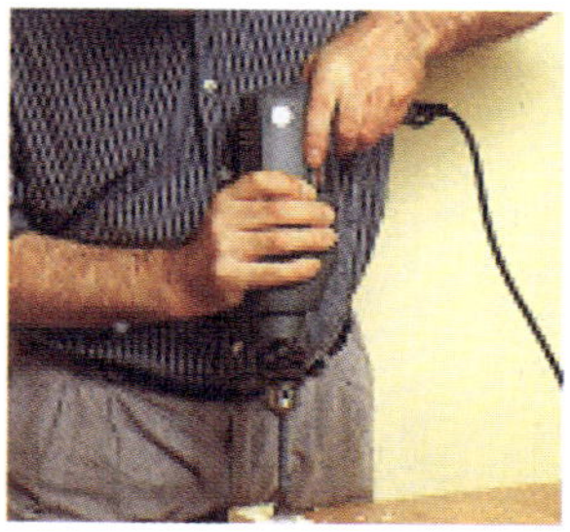
图4-107

图4-108

使用钻架钻孔步骤分解图：

①插入适当的钻头，确保锁紧（图4-109）。

②放好垫木。对于盲孔（不贯通的孔），需要设定好深度卡榫。抓紧工件，因为扭矩很大。打开钻机，压下手柄（图4-110）。

③沉头孔用沉头钻一次完成或者钻好主体后使用沉头扩孔钻（图4-111）。

图4-109

图4-110

图4-111

（11）实验单元十一：拼板连接

当要制作宽的板子或者台面时，需要用到拼板连接技术。这是连接多块窄的板材的方法。实木板材的大小须根据开料时的部位而定。用整块实木板材做成的桌子是非常罕见的。当然，如果使用人造板材就不会有这种问题，例如胶合板、密度板和大芯板，它们的尺寸都是2440mm×1220mm，而且这些板材都不易变形扭曲。

通过敲击桌子发出的声音可以分辨出桌子是实木还是人造板材的。干燥的实木声音通常很短，如果声音很长则很有可能是实木皮包的人造板材。

有很多边缘连接的方法。最简单的是用胶直接连接。而更坚固的方法是用圆木榫或者饼干榫，或者是用专门的榫刀铣出阴阳扣。这些方法不但增加了机械强度也加大了胶合的面积。

步骤分解图：

①准备一些100×18mm 的板子，挑出颜色花纹相似的放在一起拼好，并用数字做好标记（图4–112）。

②检查每块木板是否各面垂直（图4–113）。

③用角尺或直尺检查木板边缘是否刨平直（图4–114）。

图4–112

图4–113

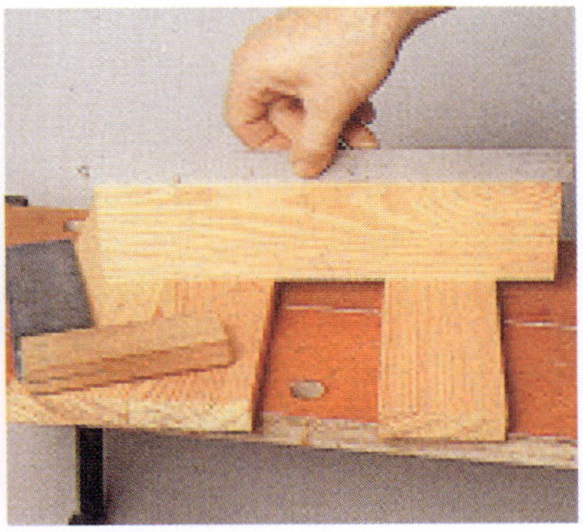
图4–114

④可以用各种方法来做拼板的连接。比如，圆榫、饼干榫甚至直接黏合（图4–115）。

⑤用饼干榫是最快捷、最有效率的方法。可以通过机器上的标记准确定位所有饼干榫的位置（图4–116）。

⑥把它们夹在一起试一下是否平整，是否安装顺畅没有偏差（图4–117）。

图4–115

图4–116

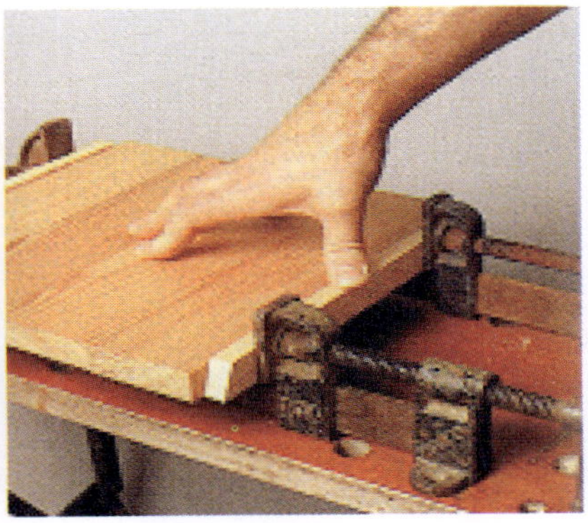
图4–117

⑦在黏合面均匀涂抹乳胶，把所有板材都接插好，放在夹具中夹紧。如果制作的板面很大，应视情况使用几个夹具夹平，且上下都要安排夹具以避免板子翘起来（图4-118）。

⑧检查所有边缘是否都连接紧密，把挤出来的胶擦去，这很重要，可使以后的工作省很多力气（图4-119）。

⑨等黏合剂干透以后把板面在工作台上夹好，用光刨把板面找平刨光（图4-120）。

图4-118

图4-119

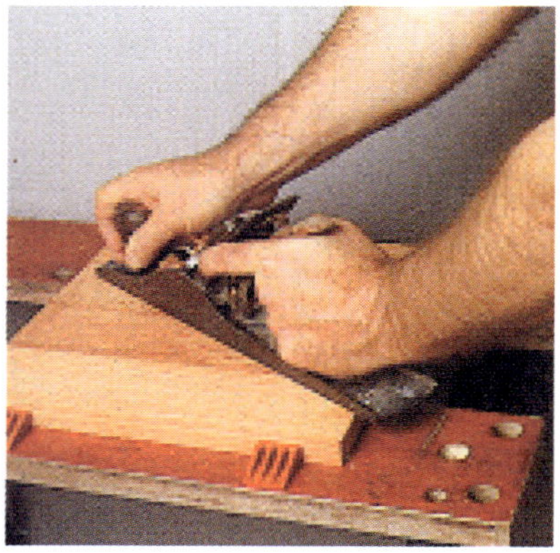

图4-120

（12）实验单元十二：端面的成型

本次练习是为了使产品更美观和舒服。我们经常使用贴面的人造板材，这些容易剥落损坏的材料需要硬的实木来封边重新加固。这个工序应该在贴面之前完成，这样可以把封边的痕迹盖住而增加美观程度。实木封边最窄要大于等于6mm，它的制作和实木框的制作方法是一样的。传统的封边是用不同样式的手刨制作的。

近年来，雕刻机以及铣刀的应用已经替代了传统的工艺，配合各种铣刀我们可以制作出很多好看的边缘形状来。

手工成型步骤分解图：

①最简单的样式是直角形，它可以简单地用手刨或者电刨来制作（图4-121）。

②如果想让厚板材看上去比较薄或者有倾斜角度的话，就先画好位置再用刨子斜着刨板子的边缘，刨去多余部分（图4-122）。

③然后用很细的砂纸打磨每一边，使其看上去和摸上去都非常光滑（图4-123）。

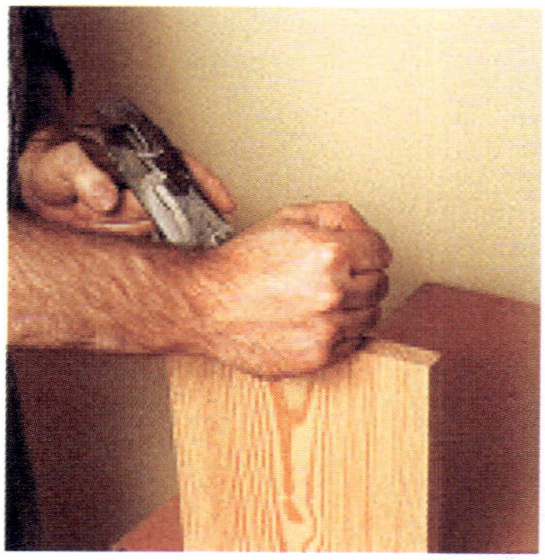

图4-121

图4-122

图4-123

用雕刻机制作边缘步骤分解图：

①用雕刻机可以制成很多形状的边缘样式。最好在开始工作前先用废料来试一下最后的形状，这样可避免浪费原料（图4-124）。

②有些铣刀带有轴承或者使用雕刻机轴套，这样就可以沿着模板的样子把工件边缘成型了。当然最后要用砂纸抛光（图4-125）。

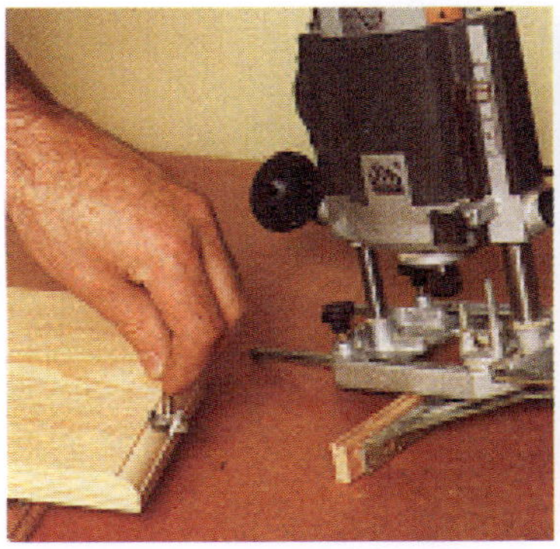

图4-124

图4-125

用木纹贴面制作板边步骤分解图：

①确保人造板的四边平直。这可以用直角尺测量。还要保证四边都没有崩边或者掉渣的情况（图4-126）。

②准备好用来封边的实木条，它们要比人造板材稍稍厚一点。把两端切成45°角，用胶和胶带把它们固定在一起（图4-127）。

③用刨子刨光找平，然后再贴木皮。木皮要覆盖一部分实木封边（图4-128）。

图4-126

图4-127

图4-128

（13）实验单元十三：上色抛光

大多数的木工作品都要根据它的功能和环境来刷上起保护或美观作用的外涂层。不同的木材适合不同类型的涂料或保护材料，例如木漆、油、蜡或者染料，某些情况下最好保留木材原始的状态和色泽，例如以前的部分丹麦家具就会保留原始的色泽，在以后用肥皂水刷涂来保护。可以证明的是，密实的涂层就像自然材料与外界之间的一道鸿沟。

步骤分解图：

①不管使用何种上漆方法，工件的表面都应该处理光滑平整。可以用打磨下来的木屑粉调和漆作为腻子，用抹刀补好缺陷（图4-129）。

②然后用400目以上的砂纸打磨光滑（图4-130）。

③吹掉或者用干净的刷子把所有的木屑清理干净。注意要把所有在缝隙中的木屑都清理干净（图4-131）。

图4-129

图4-130

图4-131

④清漆是一种快干方便的漆，很有光泽。由于这种漆干得很快，所以用一小块棉布或者亚麻布来涂抹更容易操作（图4-132）。

⑤用布快速在工件上做圆形涂抹（图4-133）。

⑥然后涂抹盒子的边缘。诀窍是每隔几分钟就快速涂抹一层，涂抹2~3 层（图4-134）。

⑦整个盒子可以一次性整体涂抹。如果涂抹得特别薄，那么漆会在几秒钟内干。间隔20分钟再次涂抹，再放置1个小时后做最后的涂抹。最后用400目以上的砂纸轻轻打磨光滑或者用羊毛织物蘸着抛光蜡打磨光滑（图4-135）。

图4-132

图4-133

图4-134

图4-135

（14）实验单元十四：精雕细刻

通常，雕刻都是应用于厚度小于15mm的板材。它们容易切割成各种复杂的形状，90％应用于装饰或者玩具。曲线锯就是为了适应这种应用而制造的。线锯雕刻机也可以做同样的工作，而且对于非铁制的工件亦可运用。

相对于其他的锯来说，线锯的锯条齿型最好(有多种可选)并且容易安装。它可以切割各种人造板材，甚至厚度达到20~30mm的，有些台面还可以倾斜以便进行角度切割。

步骤分解图：

①粘贴或者画一幅图到一块薄的薄板上。采用薄板练习有助于掌握使用方法，而且还可以切割很锐的角度。有时如果角度太小了，我们可以试着退出锯条，试着从另一个方向锯下去。例如图4-136海豚的腹鳍，显然不可能一次锯好。我们可以换从另一个方向下锯，这样就可以很好地完成这个形状。因为锯齿是朝下的，所以锯的时候工件会上跳。我们要用力压住工件避免上跳，保证手指不要碰到锯片，并且随时吹掉木屑以看清锯片走向（图4-136）。

②锯厚的板材，例如18mm的胶合板时要使用中齿锯条，因为它可以提供更高的锯切速度和强度。

放稳 工件，慢慢下锯。可以通过锯的声音来感觉推进的速度是否合适。不要强行加快推进速度，锯片过热也会导致工件的断裂损坏（图4-137）。

③切很锐的角度时要慢慢进行，这是为了保护锯条不会断裂。曲线锯的端面是比较光滑的，很适合加工儿童玩具（图4-138）。

④如果需要在工件的中间做形状的切割，用线锯机也是很方便的。首先在要切掉的部分钻一个孔，锯条穿过孔，然后就可以开始艺术创作了。请记住一定要用铅笔标注好要切的部分，避免错误锯切（图4-139）。

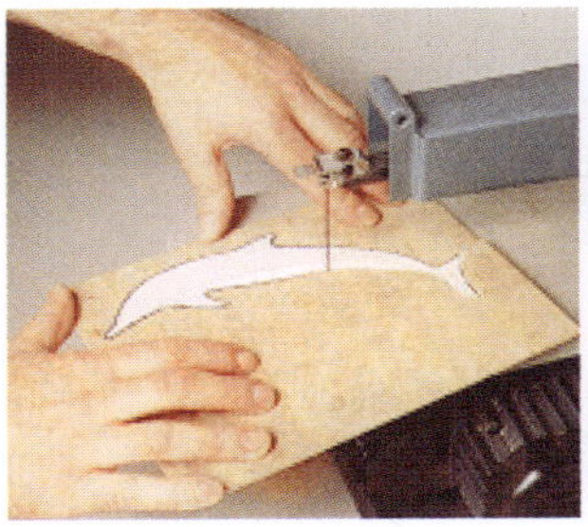
图4-136

图 4-137

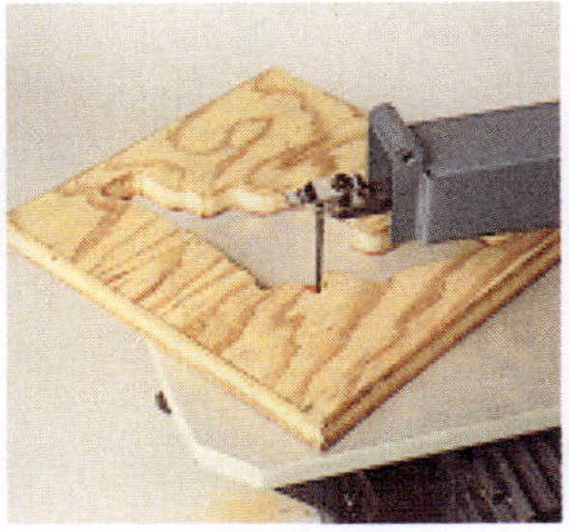
图 4-138

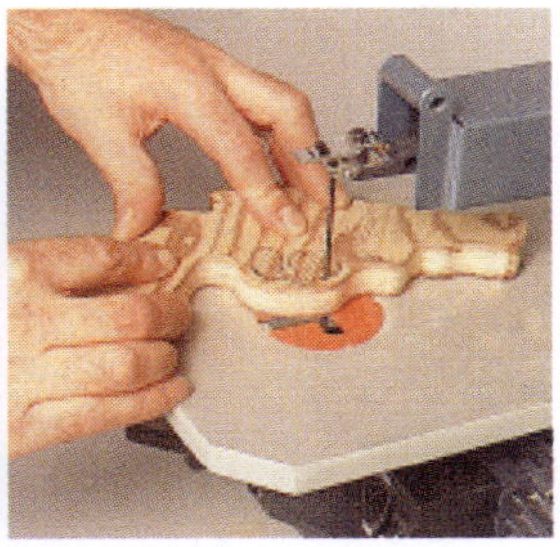
图 4-139

（15）实验单元十五：置物架

步骤分解图：

①选材。本次制作采用的是15mm的大芯板，在开始之前挑选好足够的板材。

②准备好图纸、铅笔、尺子等基本工具。在图纸上计算出一些精确的数值，以方便接下来的操作（图4-140）。

③在板材上测量出基础尺寸，并做出标记（图4-141）。

④按照尺寸用切割机进行初步切割（图4-142）。

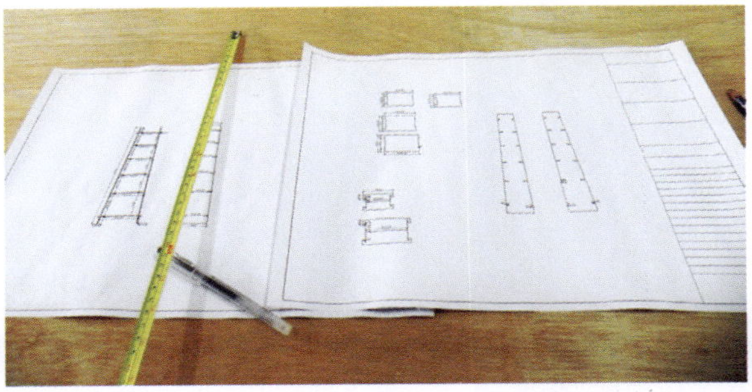
图4-140

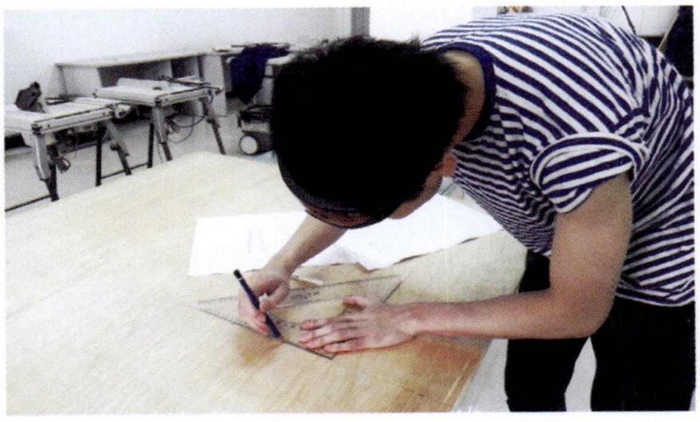
图4-141

图4-142

⑤进一步细化尺寸，并将每个板块进行编号（图4-143）。
⑥测量并在相应的板块上面画出榫卯结构的尺寸，标出需要裁切的区域（图4-144）。
⑦用曲线锯将结构部分切割好（图4-145）。
⑧对切割好的板材进行初步打磨修正（图4-146）。

图4-143

图4-144

图4-145

图4-146

⑨因为制作作品的角度问题和工艺问题，所以我们先进行一次试拼装（图4-147）。
⑩对一些尺寸和裁切上的问题进行修裁（图4-148）。
⑪用砂纸对修裁后的构件再次进行精细打磨（图4-149）。

图4-147

图4-148

图4-149

⑫上胶，在榫卯处涂上专用胶（图4-150）。
⑬将各个大小构件进行拼接（图4-151）。

图4-150

图4-151

⑭用锤子将榫卯处打紧，注意敲打时要用木块垫着，以免损坏结构（图4-152）。

⑮成品展示（图4-153）。

⑯作品完成后打扫场地卫生（图4-154）。

图4-152

图4-153

图4-154

5 木质包装盒的设计与制作

5.1 实验目的与要求

（1）实验目的

通过制作包装盒让学生更加了解制作木制品的一般程序，熟悉木工机械的使用，认识木质包装设计与制作的常用材料与配件及其一般制作工艺，体会实木材料的物理性能（重量、色彩、纹理、光泽度）与包装艺术设计、技术设计的关系。

（2）实验要求

学生须按照给出的包装盒图纸及尺寸要求，合理使用木工机械制作出包装盒实物。

各部件使用圆榫及乳胶连接。

5.2 木质包装盒的设计与制作

5.2.1 各部件的制作

根据图5-1的图纸，需要的部件尺寸、数量及图中标号见表5-1。

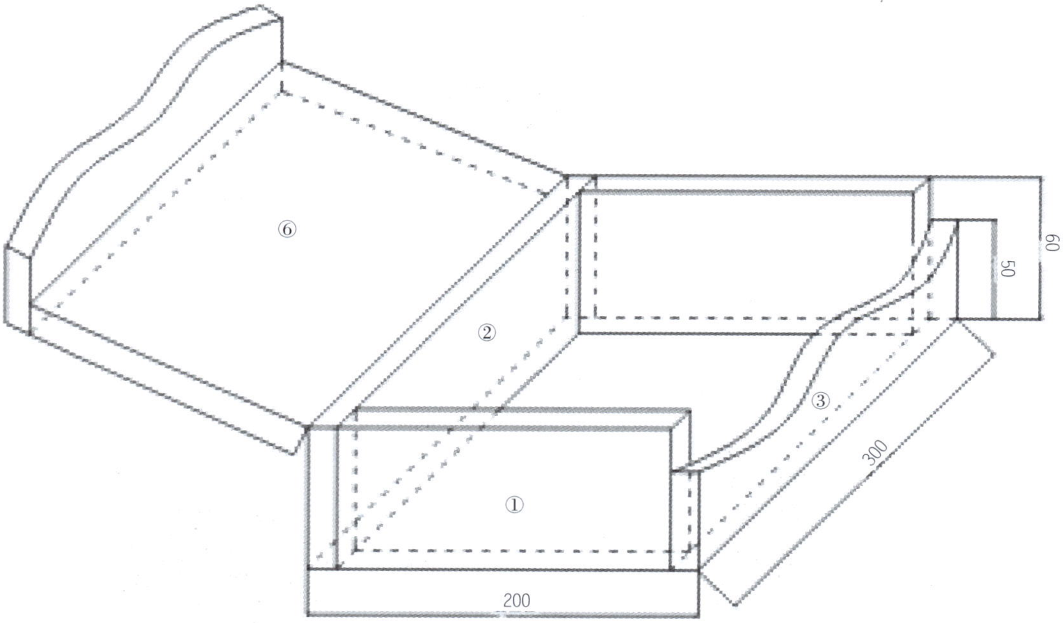

图5-1　包装盒的外观图示

部件尺寸、数量及图中标号		
部件尺寸（mm）	数量	图中标号
12×60×176	两块	①
12×60×300	一块	②
12×74×300	一块	图（5-2）
12×176×276	一块	③
12×188×300	一块	⑥

先在一块12mm×1220mm×2440mm的实心木板上画出各部件的尺寸，使用圆锯将已在木板上画好的各部件切割下来。

注意！圆锯的切割深度要大于木板的厚度。

再使用圆形打磨机打磨各部件表面，使各部件表面光滑。

在图5-2的部件上画出需要的曲线图形，使用曲线锯沿画好的曲线将多余部分切割下来，再使用砂带机将部件的曲线边缘打磨光滑。

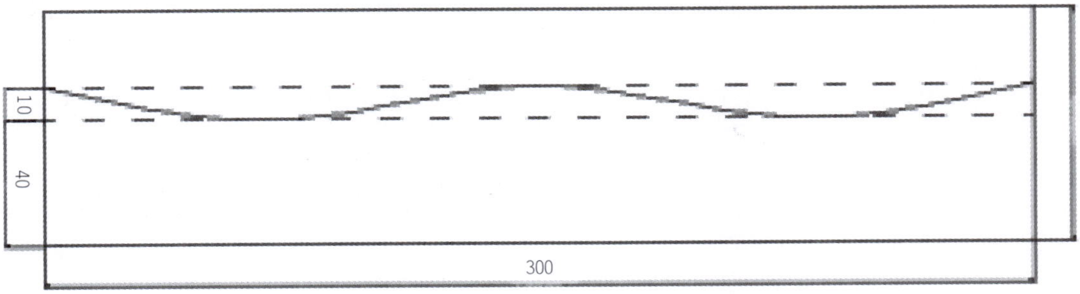

图5-2

5.2.2 各部件的连接

在各部件之间的连接部位上标示出需要钻孔的位置，两孔之间的间隔为10mm（图5-3）。

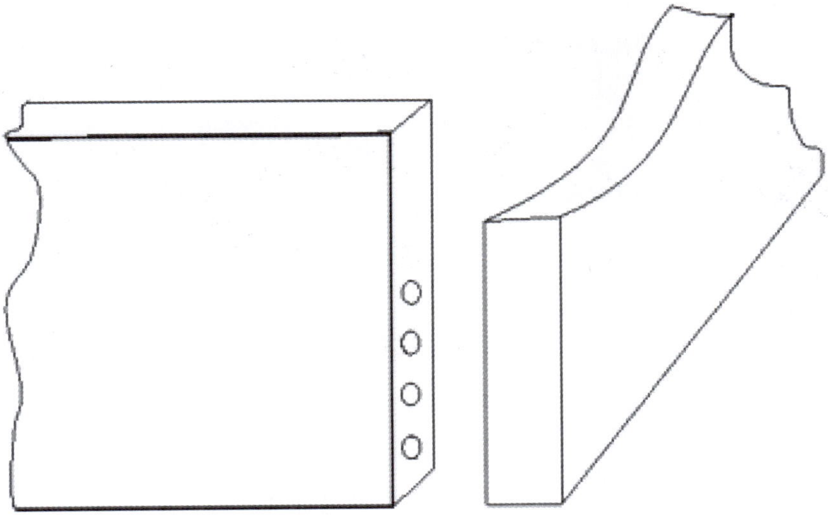

图5-3

注意！盒盖与盒体之间不要钻孔。

使用电钻，并选用直径为$\varPhi$6mm的钻头，在标示好的钻孔位置上钻深度为8mm左右的孔。

在各部件的连接部位及孔中涂上乳胶，然后将圆榫插入孔中并按顺序连接各部件，并在各连接部位使用砂带机打磨光滑。

在盒盖与盒体之间用合页连接好，这样包装盒就基本制作完成。学生可根据自己的需要对包装盒进行涂漆及装饰处理。

（1）惠山泥人包装盒制作

步骤分解图：

①构思包装盒的形状，计算好准确的尺寸，绘制好图纸（图5-4）。

②按尺寸在木板上进行测绘，标出尺寸大小（图5-5）。

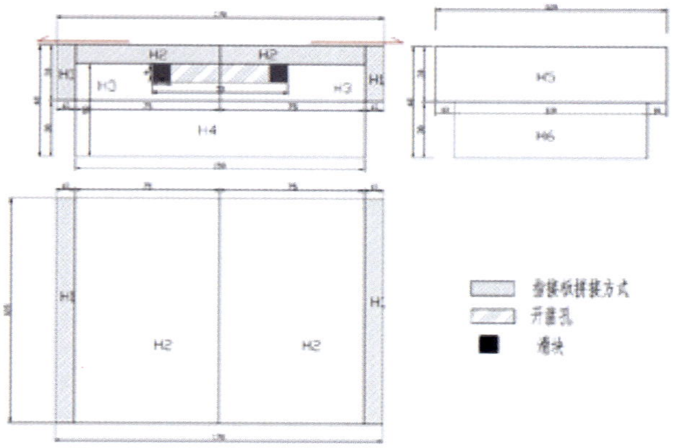

图5-4

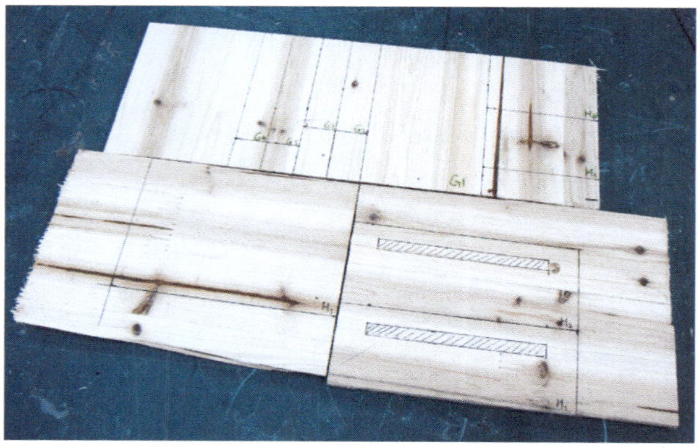

图5-5

③在木工台锯上确定好木板的切割位置，移动好限定板的位置，将误差降到最低并进行切割（图5-6）。

④用台锯进行切割，将木板上划分的区域进行大致切割。紧按木板，控制两边，保证切割时的稳定性（图5-7）。

图5-6

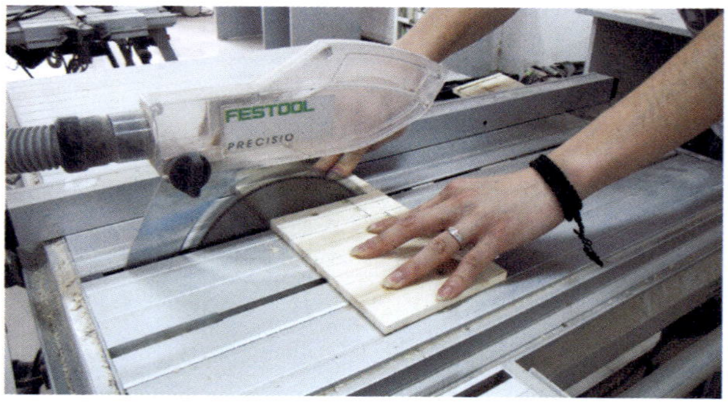

图5-7

⑤在用台锯切割时，如果不方便控制木板，或者使用者担心其安全性的时候，便可借助外用工具来保证木板切割（图5-8）。

⑥台锯适合切割大中型木材，而型材切割机则适用于小型木块零件的切割。巧妙利用不同工具的优点，实现误差最小化（图5-9）。

图5-8

图5-9

⑦对于要挖槽的木板，先使用电钻钻孔，以方便后面的工作进行（图5-10）。

⑧用曲线锯做木材的开凿工作。由于上下抖动幅度大且快，使用者一定要注意安全（图5-11、图5-12）。

⑨当材料基本分割完后，先用砂纸初步打磨一些误差地方。

⑩在台面上固定木块，用圆形打磨机将木材在加工时出现的毛糙进行修复和打磨，使其表面光滑平整（图5-13）。

图5-10

图5-11

图5-12

图5-13

⑪将材料接口的不平整处用砂带机仔细修整，以保证木盒的拼接完整性（图5-14）。

⑫用耐水快干乳胶涂抹在木板的接合处（图5-15）。

⑬将木块黏合，用力压住（图5-16）。

⑭把黏合好的木盒稳定在台面上，用四个支架固定，待其晾干（图5-17）。

图5-14

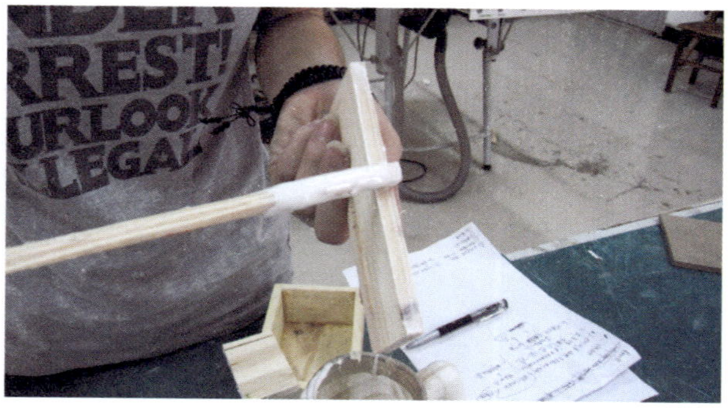

图5-15

图5-16

图5-17

⑮等胶干后，利用砂带机将整个盒体进行细致打磨，修整盒面不平整情况，完善盒体（图5-18）。

⑯惠山泥人包装盒最后效果成品图（图5-19）。

⑰将使用过的机器台面利用吸尘器将灰尘清理干净 。

图5-18

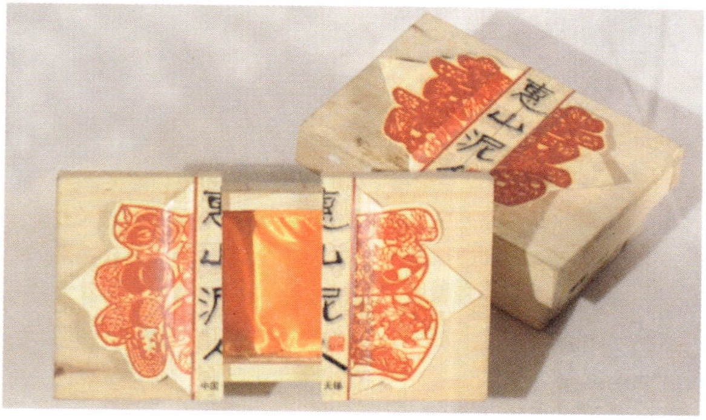

图5-19

（2）红酒包装盒制作

步骤分解图：

①提前设计好要制作的物体样式，计算好准确的尺寸，打印出来后带到现场以方便制作（图5-20）。

②选好适合制作物件的木板，在木板上进行测绘，并标示出尺寸大小及标号，以方便后面安装（图5-21）。

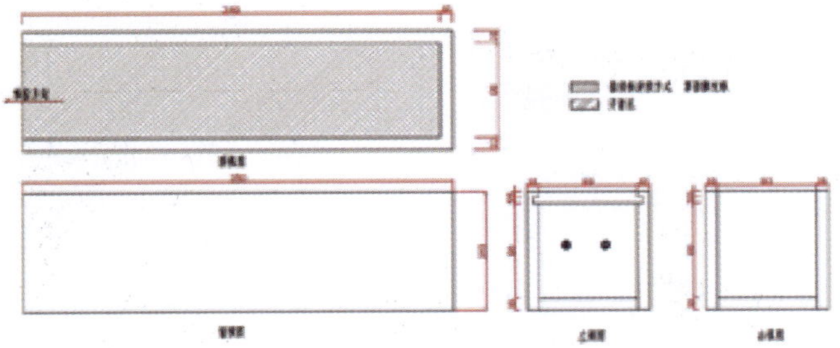

图5-20

图5-21

③在木工台锯上确定好木板的位置，进行切割工序（图5-22）。

④用型材切割机切割小型木块零件。巧妙利用不同工具的优点，实现误差最小化（图5-23）。

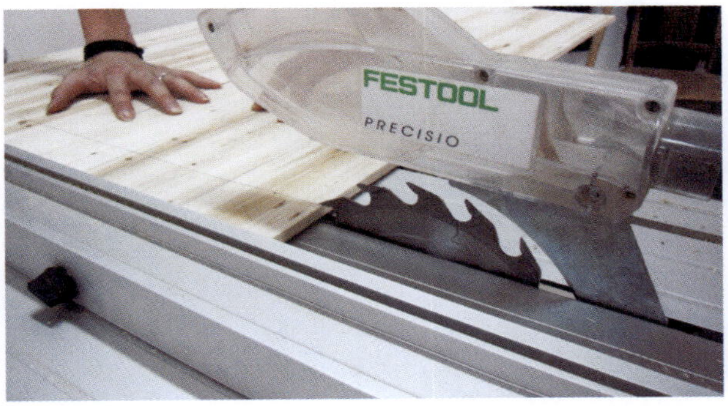

图5-22

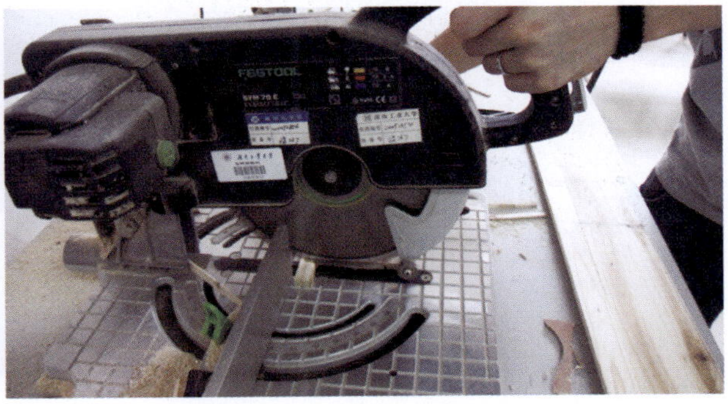

图5-23

⑤按照施工图用电钻钻出两孔位置（图5-24）。

⑥用砂带机进行第一次打磨，修整已经切割好的木板（图5-25）。

图5-24

图5-25

⑦在小台锯机上开槽。先调整好锯片的高低位置后再开槽。反复来回三次，以求达到较好效果（图5-26）。

⑧在砂带机上对先前开槽的槽边修整至平滑，以便能在酒盒内开启自如（图5-27）。

⑨在砂带机上修整细小零件（图5-28）。

⑩用耐水快干乳胶涂抹在木板的接合处（图5-29）。

图5-26

图5-27

图5-28

图5-29

⑪对酒盒进行安装，按照从内往外的顺序安装（图5-30）。

⑫整体安装好后，用砂带机进行第二次打磨，即整体打磨，以保证盒体的光滑平整性（图5-31）。

⑬酒盒的初步完成图（图5-32）。

⑭内部安装好后，检查安装完整性（图5-33）。

⑮检查盒子关闭时的外部完整性。在孔内安装好粗绳，完成制作（图5-34）。

⑯将使用过的机器台面利用吸尘器将台面灰尘清理干净（图5-35）。

图5-30

图5-31

图5-32

图5-33

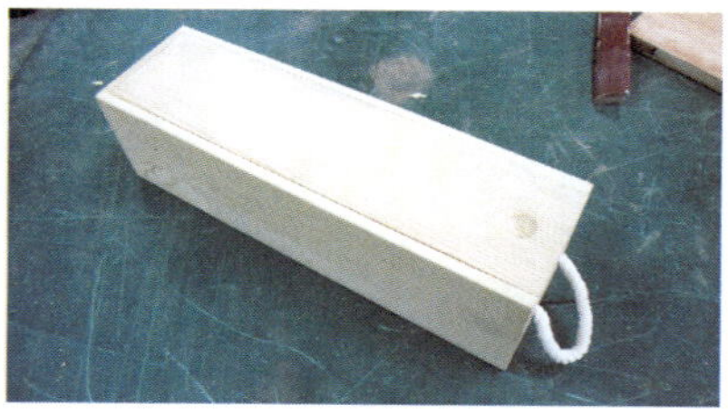

图5-34

图5-35

鉴赏篇

Appreciate

Appreciate

6 各种模型赏析

6.1 建筑模型欣赏

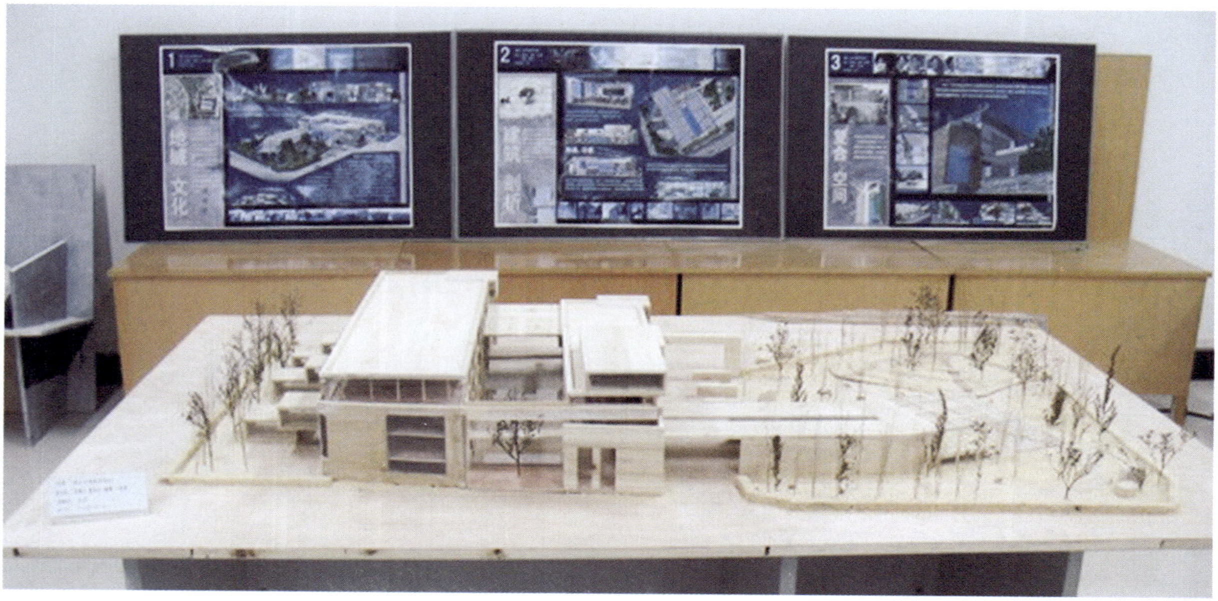

图6-1　此方案为旧建筑改造设计，通过图纸设计与模型制作体现了完整的创作思路，表现力较强。

图6-2-1　此组建筑模型运用单一色系的PVC板、亚克力板和纸板表现了建筑形体与空间关系。

图6-2-2　灯光效果（局部）。

图6-3　此组建筑模型概念性较强，其形态与结构设计合理。

图6-4　现代徽派连体别墅建筑模型，其形态把握准确，制作精细。

图6-5　“绿色收获城市垂直农场”建筑模型。主要用材为PVC板、亚克力板和草绒纸。

图6-6　此组建筑模型的制作难度在于不同楼层与各立面的错综关系的处理。同学们制作细心，整体把握能力较好。

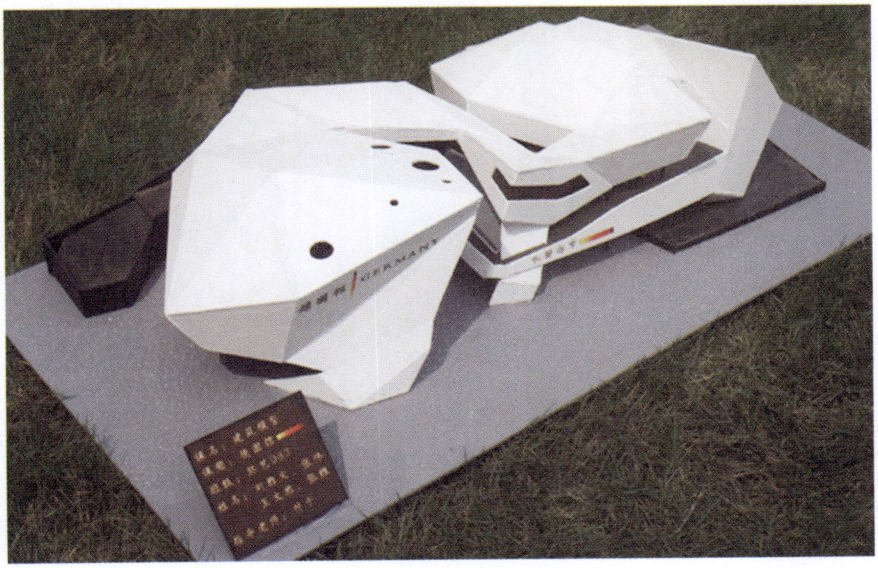

图6-7　世博会德国馆建筑模型。虽然其界面拼缝处理稍显粗糙，但同学们敢于挑战非垂直承重体系建筑的勇气值得鼓励。

图6-8-1　此组建筑模型运用体量与明度的对比手法表现了建筑与山体的整体关系。

图6-8-2　运用剖切面的细部表现手法展现出建筑与山体的共存关系。

图6-9-1　灯光效果。

图6-9-2　此组建筑模型将建筑形态与内外空间环境的细节表现得淋漓尽致。

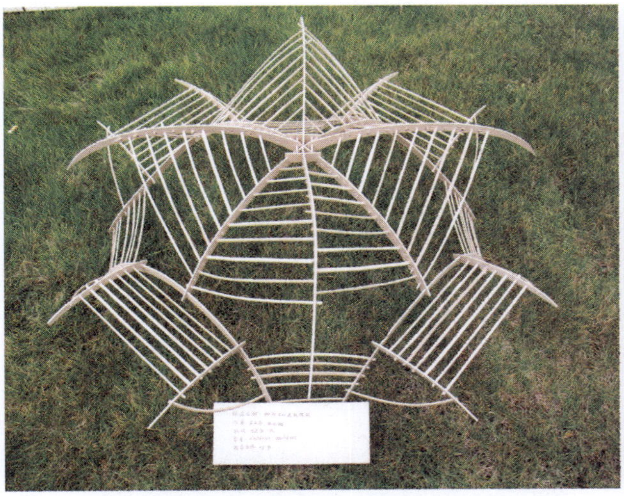

图6-10　此组建筑模型为空间形态思维训练的模型作业，重点展现结构之美。

图6-11　结构模型。着重处理空间架构与受力的关系。

图6-12　此组建筑模型是规则建筑与自然山体的完美结合，肌理对比恰到好处。

图6-13　此组建筑模型最大的亮点在于对球面顶的结构、色彩、肌理的表现。

图6-14　别墅建筑与环境的实景模型。该模型做工精细，特别是内部陈设处理十分到位。

图6-15-1　此组建筑模型制作并不复杂，但单纯的造型元素却塑造了丰富的外部表情。

图6-15-2　类似山体的建筑立面。

6.2 展示模型欣赏

图6-16　此展示模型恰当利用玻璃晶莹剔透的视觉效果展示护肤产品的属性。

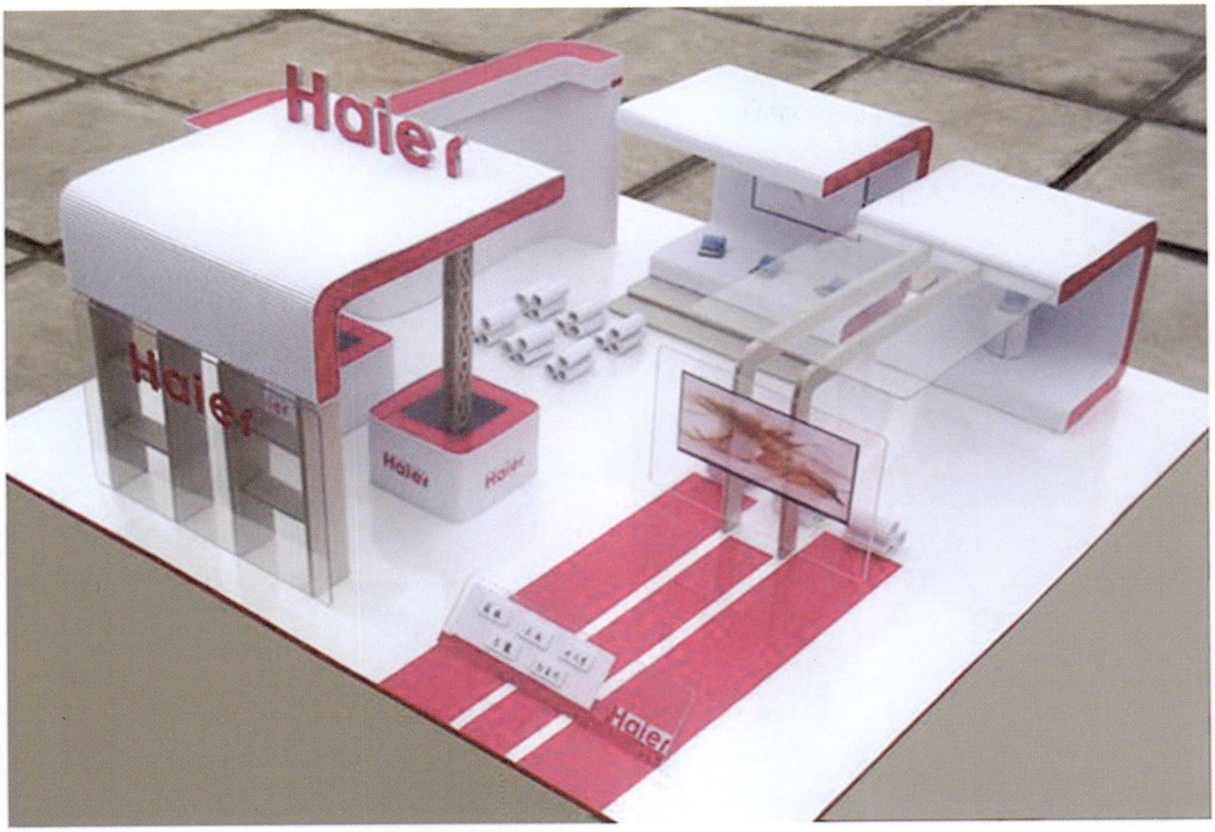

图6-17　此展示模型运用统一的造型元素与色彩展现了企业的整体形象。

图6-18　简单而纯粹的造型为品牌增添了更多的时尚要素。

图6-19　此展示模型合理运用了纸材易弯曲的特点营造出丰富的曲形空间。

图6-20　此展示模型细部较为生动，尺度体现了人性化特点。

图6-21　此展示模型空间层次较好，造型特点符合产品理念。

图6-22　此展示模型运用空间构筑形式展现品牌的实力。

图6-23　此展示模型通过营造温馨的咖啡店实景让人体验咖啡产品的品质。

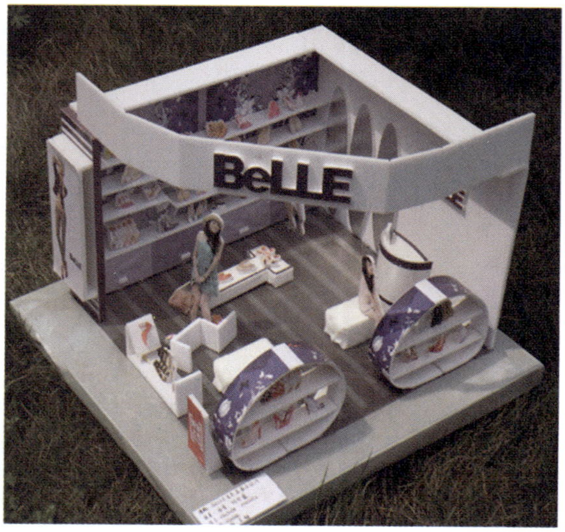

图6-24　某品牌鞋店实景模型。

图6-25　此展示模型以曲形为陈设的统一造型，创造出有趣的展场空间。

6.3 木质家具欣赏

图6-26

图6-27

图6-28

图6-26~图6-28　我国著名家具设计师朱小杰先生的“乌金木”系列家具。本设计采用木材本身天然的造型、天然的纹理，构架成桌子、椅子、凳子、茶几。整套设计充满着浓郁的 “中国气质”。

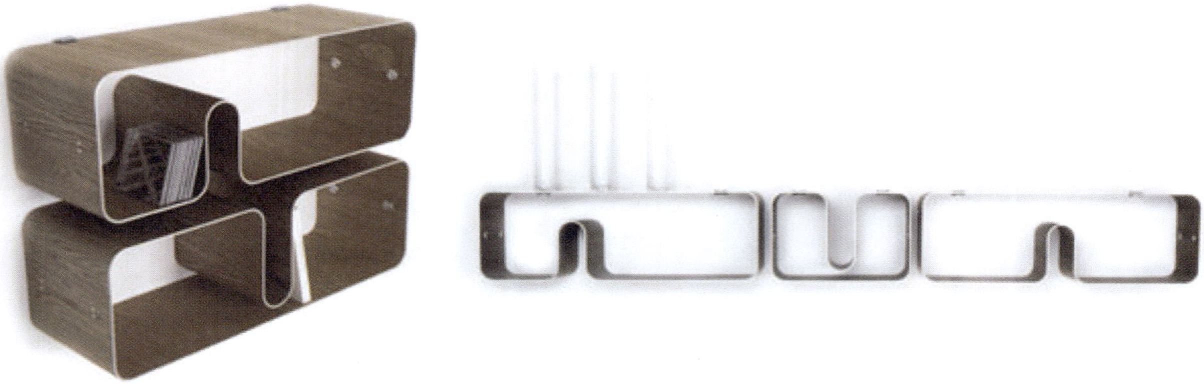

图6-29

图6-30

图6-31

图6-29~图6-31　现代“弯曲木家具”。弯曲木家具制作对手工工艺要求严格，弯曲木工艺改变了木材原来的纹理结构，强度要比实木高1.6倍以上，家具受力部件的承受力随之加大3~4倍。相比较而言，弯曲木家具更能体现现代人的审美理念，实用性与装饰性都很强。

图6-32　采用了现代设计手段，视觉效果较强，造型时尚。表现了简洁、坚固和轻盈的设计理念。

图6-33

图6-34

图6-33、图6-34　此为同一系列的家具设计作品，各类椅子的设计都恰到好处地运用了“圆”这个元素，使传统家具造型中的“方”变得灵活，减轻了家具的笨重感。

图6-35　桌子的腿部运用了不同的处理方式，再加上颜色、造型上的区分给桌子增添了些许趣味性。

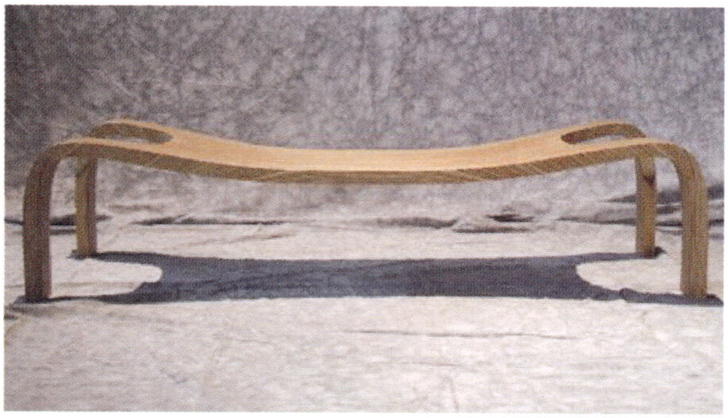

图6-36　运用蒸汽热弯成型的弯木家具。简洁流畅的曲线富有现代气息，功能的合理性与材料工艺、美学形式完美融合为一体。

图6-37　榫卯结构的木框家具，线条洁净，质朴中包含着灵动的风格，用构成的方法将传统木结构演绎，呈现出传统中式家具的影子。

图6-38　造型简练，有异于传统家具的“坐”，与其说是“坐”的家具，不如说是在传递一种生活理念。

图6-39

图6-40

图6-41

图6-39~图6-41　设计简约大方，由四块规格化生产模式的木板组成。工艺流程模式化，操作性强，适合大批量工业化生产。

图6-42　此为木质结构的灯罩设计，利用构成的方法展现灯罩的结构与力学之美，并且还能通过光影把灯罩的造型呈现出来。

图6-43　自然系列家具讲究自然形成造型，不加修饰，颇具自然情趣，深受人们喜爱。此设计是在自然形式的基础上来表达设计者的用意。

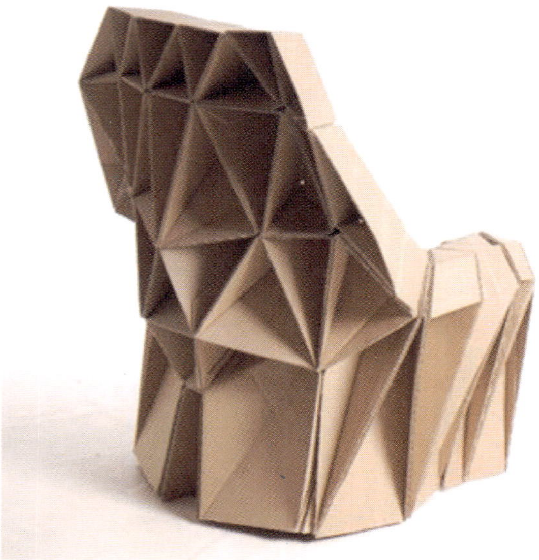

图6-44

图6-45

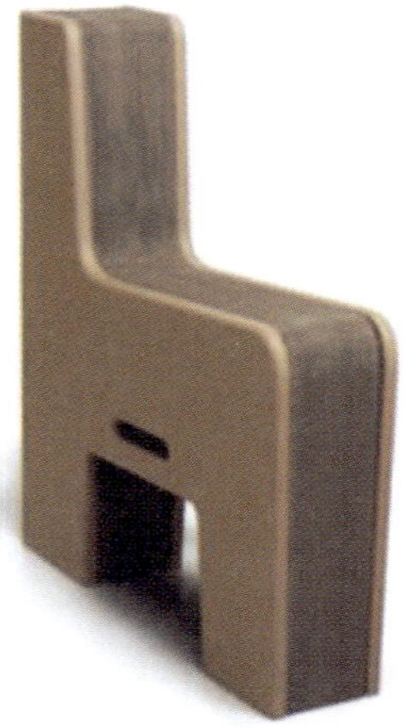

图6-46

图6-47

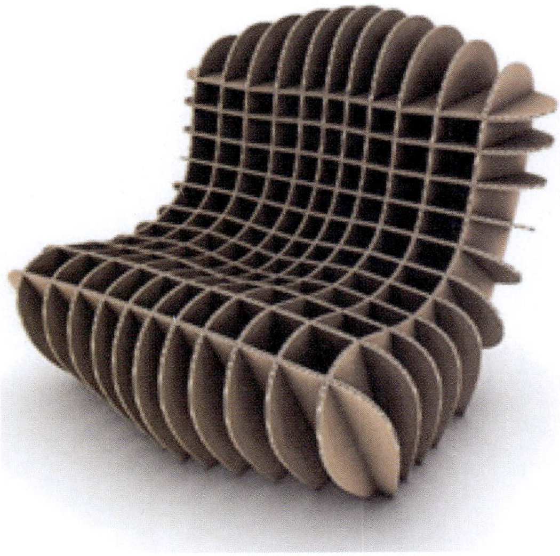

图6-48

图6-49

图6-44~图6-49　纸制家具是现代新颖家具之一。它立足于生态基础，合理开发、利用自然材料，不仅能够满足人们特定需求，还有益于大众健康，同时具有极高文化底蕴和科技含量。纸制家具无论高热或严寒，潮湿或干燥，均不褪色、不龟裂。纸制家具的透气性良好，加上纸的热传导性与木材相似，使得它在夏天使用时凉爽而不闷热，冬天使用时，身体不会感觉冰冷。它不仅造型富于变化，可以兼具复古与现代的造型设计，而且典雅庄重，高贵大方。其色彩的多样，能与不同的家居空间进行搭配组合，创造出千姿百态的家居环境。

6.4 木质包装盒欣赏

图6-50　本设计灵感来自于汉代漆器，利用木结构对瓷器的保护性保证了运输的安全，同时通过漆器沉稳的色彩凸显出礼品档次。

图6-51　本包装采用木质结构，是泥制品首选包装之一。与木材搭配显现出泥人这一民间乡土艺术的天然淳朴。

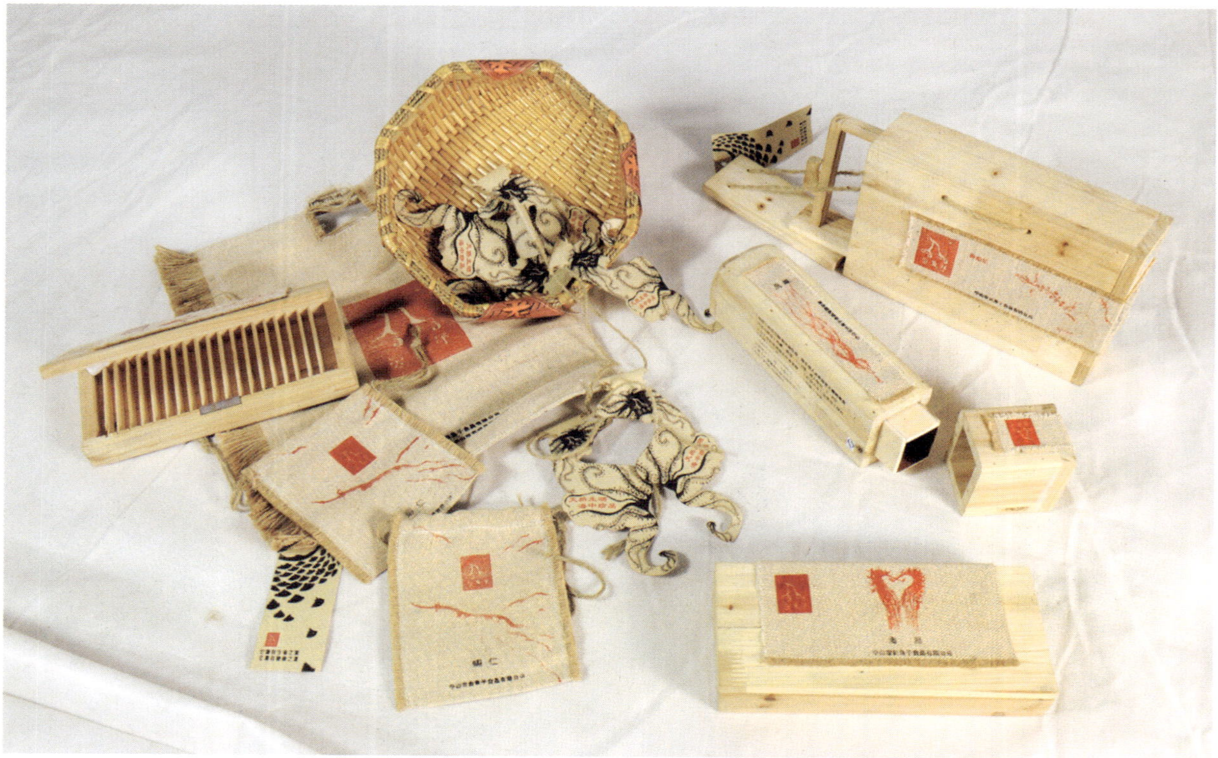

图6-52　本包装为干货鱼制品系列包装，在材料的选择上运用了木材、麻及藤制品，传递一种纯天然、绿色无污染的概念，给产品增添了亲和力。

图6-53　本包装采用了高密板作为材料，在盒子开启方式上运用了多种形式。包装本身的结构对产品起到了保护作用，青花瓷的外表处理与产品呼应凸显出了礼品的档次。

图6-54

图6-55

图6-56

图6-57

图6-54~图6-57　本设计是蒙古族系列包装设计，采用高密板作为基本材料。由于此系列包装形态各异，运用的结构方式和开启方式各有不同，因此工艺上较为复杂，尤其是对曲线锯的运用要求较高。整个设计结合民族特点，形成良好的视觉效果，将“草原部落”的理念完整表达。

参考文献 References

[1] 郎世奇. 建筑模型设计与制作[M]. 北京：中国建筑工业出版社，1998

[2] 唐浩. 现代建筑模型[M]. 长沙：湖南人民出版社，2007

[3] 彭亮，胡景初.家具设计与工艺. 北京：高等教育出版社，2003

[4] 美国*Woodsmith*杂志

[5] 美国*The Art of Woodworking*杂志

Postscript 后记

实践动手能力的培养是艺术设计专业的重要课题与内容。由于受到以往中国传统教育思想的影响，重理论，轻实践，“君子动口不动手”，导致了我国艺术设计教育往往偏重在艺术造型、色彩线条、美学构成等方面的教学与训练，大量的设计成果只停留在纸面的效果图和平面制图上，很少以实物方式呈现，学生不能自己动手用真实的材料及结构去设计制作三维立体的设计作品。因此编写一本既有理论指导又有使用价值的《木工造型设计与制作》教材成为笔者多年的愿望，目的是对学生的实践设计有理论上的指导和方法，使学生正确运用工具材料完成设计作品。书中的内容大多来源于专业老师多年的实践考察、教学成果和经验积累，数易其稿，终成此书。

本书可作为环境艺术设计、包装设计、广告设计等艺术设计类学科本科生教学和高等职业学院相关专业的艺术设计实践性教材。

木工造型设计与制作涵盖的内容繁杂，涉及面广。尽管我们作出了很大努力，但由于水平有限，书中难免有不足与差错之处，真诚希望有关专家学者和广大读者给予批评指正。

付 予

2011.12